Der Funke springt über

Sven Otto

Danke

an alle Funker für die vielen tollen Funkstunden mit Euch und die vielen Funkfragen, die wir gemeinsam besprochen haben. Nur durch viele Fragen konnten viele Antworten formuliert werden

Danke an meine YL (young lady) und

unsere Mikrowelle (Sohn) für

viel Geduld Und

Hilfe!

Sven Otto, geboren 1970 in Frankfurt am Main, konnte die Blütezeit des Bürgerfunks miterleben und entwickelte schon in jungen Jahren ein Interesse für die Funktechnik. Als Veranstaltungs- und Tontechniker stand er auch beruflich immer wieder mit der Funkerei in Kontakt. Seit dem Vertriebsstart seiner selbst entwickelten Portabelantennen 2016 wurden viele Fragen von funkenden Freunden und Kunden gestellt, beantwortet und vom Autor 2025 in diesem Buch verarbeitet.

„Der Funke springt über"

Drahtlose Kommunikation als Hobby oder Helfer in Krisensituationen
Das Nachschlagewerk für Funker und Funkanfänger

Sven Otto

Hinweis: In diesem Buch werden technische Zusammenhänge in der Funktechnik stark vereinfacht dargestellt und ersetzen nicht tiefer gehende Lektüre oder Studienunterlagen. Die vereinfachte Darstellung soll auch dem Laien dabei helfen, Funkgeräte effektiv einsetzen zu können. Beispiele für Funkanwendungen dienen ausschließlich als lehrreiches Anschauungsmaterial und sind frei von Empfehlungen zu Handlungen zu werten. Für die Einhaltung der Fernmeldegesetze hat jeder Funker selbst Sorge zu tragen. Der Umgang mit Funktechnik birgt Gefahren durch Blitzschlag und Hochspannungsleitungen. Die Einrichtung von Antennenanlagen muss eventuell durch Fachkräfte erfolgen. Die Arbeit und Reparatur an geöffneten oder defekten Geräten birgt die Gefahr eines Stromschlags und sollte nur von Fachkräften durchgeführt werden. Alle Angaben sind nach bestem Wissen und Gewissen erstellt und geprüft worden, dennoch kann keine Garantie für die Richtigkeit, Vollständigkeit oder Aktualität der bereitgestellten Informationen übernommen werden. Eine Haftung für Personen-, Sach- oder Vermögensschäden ist ausgeschlossen. Die Rechte an Markennamen sind durch die Inhaber geschützt und die Nennung dient ausschließlich zu Vergleichszwecken.

Inhaltsverzeichnis

Vorwort

Wer als Hobby oder im Krisenfall unabhängig von Telefon und Internet kommunizieren will, hat sich vielleicht schon einmal mit Funktechnik befasst. Eigene Funktechnik kann auf vielerlei Art zum Einsatz kommen und bei zahlreichen Kommunikationsaufgaben hilfreich sein.

Das Thema Funk wirft, insbesondere für Anfänger, immer wieder neue Fragen auf und oft ist ein ausreichendes Grundwissen über die Funkerei für die erfolgreiche Nutzung der Technik Voraussetzung.

Dieses Buch wurde sowohl für Funkanfänger als auch für erfahrene Funker geschrieben und soll tiefere Einblicke in die Funkerei geben. Der Leser findet Antworten auf viele der wichtigsten Fragen rund um die Jedermannfunktechnik. Nebenbei werden auf unterhaltsame Art Hintergründe, Historie und interessante Fakten beleuchtet.

Viel Freude beim Lesen, Nachschlagen und vor allem beim Funken!

Funkgeräte und ihr Einsatz im "Handy-Zeitalter"

Viele kennen Funkgeräte nur aus Filmen oder haben sie bei Einsätzen von Feuerwehr und Rettungskräften gesehen. Auch begegnen sie uns bei Taxifahrten zur Auftragsabwicklung oder in Bahnfahrzeugen zur Streckenkommunikation. Aber warum werden Funkgeräte immer noch genutzt, wenn doch überall Handyempfang ist? Hier stellt sich als erstes die Frage: "Ist denn wirklich überall Handyempfang?"

In den den urbanen Gebieten ist es normal, dass bis in die Kellerräume eine Handyverbindung aufgebaut werden kann. Anders sieht es dagegen schon auf dem tiefen Land, im Gebirge oder auf hoher See aus. Die Reichweiten der Handysendemasten und des Mobiltelefons selbst sind begrenzt und können durch Hindernisse stark verringert werden, ein Verbindungsaufbau kann dann nicht mehr gelingen. Die Folge ist: Das Handy findet kein Netz und ein Anruf ist nicht möglich. Außerhalb der Handynetzabdeckung kommen somit weiterhin Funkgeräte zum Einsatz. Zwar gibt es mit den Satellitentelefonen eine weitere Alternative zur herkömmlichen Funkverbindung, jedoch ist auch über Satellit nicht immer eine sichere Verbindung garantiert und die hohen Betriebskosten sind oft unrentabel für etliche Anwendungsfälle. Aber auch äußere Umstände können dazu führen, dass Funkgeräte zum Einsatz kommen.

Fällt der Strom aus oder ein wichtiger Großrechner wird gehackt, sind nicht nur wir privat im stillen Dunkel, sondern auch ein Großteil der digitalen Infrastruktur fällt innerhalb weniger Stunden aus. Wir sind dann mit einem sehr lautlosen Schlag zurück im „pre-digitalen" Zeitalter und weder Handy noch Internet ermöglichen uns Kommunikation. Betroffen von einem Ausfall sind dann auch Festnetztelefon und Behördenfunk.

Die Funkerei ist nicht nur ein Hobby für Technikbegeisterte, sondern bietet auch „Jedermann" die Möglichkeit zur unabhängigen Kommunikation. Der Handel vertreibt frei käufliche Funkgeräte für jeden Bürger. So ist es Jedem möglich, drahtlos zu kommunizieren und Nachrichten, auch ohne Telefon oder Internet, zu übermitteln. Welche Möglichkeiten sich für Jedermann bieten und welche Kommunikationsaufgaben damit erfüllt werden können, wird hier im Folgenden aufgezeigt.

Grundlegende Fragen vor dem Kauf von Funkgeräten

Als erste Frage steht im Raum: Für was sollen die Funkgeräte eingesetzt werden?

Geht es darum, auf kleine Entfernung mit einem Funkpartner zu sprechen oder die Kinder zum Essen zu rufen? Sollen größere Reichweiten überbrückt werden? Wenn ja, wie groß sollte die Reichweite sein? Geht es um zwei oder mehr Teilnehmer? Sollen die Geräte tragbar sein oder in Autos eingebaut werden? Gibt es einen zentralen Standort mit Strom oder soll alles autark laufen? Welches Budget steht zur Verfügung? Unter welchen Bedingungen soll gefunkt werden - vor Wasser geschützt, schlagfest? Können größere Antennen aufgestellt werden? Gibt es Störungen vor Ort, die einen Funkbetrieb einschränken könnten? Gibt es einen Blitzableiter zur Erdung der Antenne bei Hausmontage?

Fragen über Fragen, die man durcharbeiten sollte, bevor man im Funkfachgeschäft einkauft. Hat man die Checkliste für den Einstieg einmal durch, wird schnell klarer, welche Funkgeräte für den angestrebten Einsatz die Passenden sind. Die Auswahl an geeigneter Ausrüstung ist dann oft schon wesentlich überschaubarer.

Für kurze Reichweiten (max. 1000 m) genügen meistens einfache PMR-Funkgeräte, sie sind klein, leicht und günstig. Müssen die Geräte etwas weiter kommen (1 - 2 km), sollten aber möglichst klein sein, dann kommen die Freenetgeräte in Frage. Genügt diese Reichweite nicht, wird es mit CB-Geräten baulich größer und mit notwendiger besserer Antenne auch deutlich teurer.

Wer größere Reichweiten braucht, kommt mit Handfunkgeräten nicht weiter und muss die Funktechnik aufrüsten.

Bild: Mini-Mobilgerät

Bild: programmierbare Funkgeräte im 70cm UHF-Funkbereich

Für alle Bürgerfunkfrequenzen gibt es Mobilgeräte mit externer Antenne. Diese Geräte werden entweder mit einem Netzteil aus der Steckdose versorgt oder bekommen ihren Strom aus der Batterie oder dem Akku. Die Antenne wird immer möglichst hoch und frei außerhalb von Autos oder Gebäuden angebracht. Damit lassen sich schon größere Reichweiten überbrücken.

Viele Mobilgeräte sind heutzutage so klein, dass sie durchaus als Alternative zu Handgeräten, z. B. aus dem Rucksack, eingesetzt werden. Die CB-Mobilfunkgeräte haben dabei die stärkste Ausgangsleistung und somit einen Reichweitenvorteil. Ihr großer Nachteil ist aber die Länge der benötigten Antenne, die nicht immer und überall aufgebaut werden kann. Betreibt man CB-Funkgeräte an stark verkürzten Antennen, schwindet der Leistungsvorteil und Freenet könnte die bessere Wahl sein, denn hier sind sowohl Antennen als auch Geräte sehr handlich. Mit einer großen Antenne und guter Funklage lassen sich mit den CB-Geräten die längsten Strecken überbrücken.

Der wichtigste Faktor ist aber der Funkstandort. Stimmt der Standort nicht, weil er von zu viel Stahlbeton umgeben ist oder starke Störungen vorhanden sind, dann sind mit allen Bürgerfunkmitteln nur kleine Reichweiten möglich. Im Profifunk stehen deshalb auch sogenannte "Relaisstationen" auf Türmen oder Dächern von Hochhäusern, um die Signale weiterzuleiten. So ist es den Beamten dann auch möglich, per Handfunk in der Stadt Kontakt zu halten.

Mit Bürgerfunk geht so etwas nicht. Ist es aber möglich, z. B. portabel, gute Funkstandorte zu nutzen, dann lassen sich auch mit Bürgermitteln größere Strecken befunken.

Der Standort entscheidet maßgeblich über die mögliche Reichweite: Möglichst hoch, frei gelegen und keine Störungen!

Grundlagen des Funkbetriebs

Egal, ob man als Hobbyeinsteiger, Funker in der Not oder als Profifunker auf Sendung geht: Es gibt einige Grundregeln zu beachten, welche sich aus der Funkpraxis ergeben.

Im einfachen Sprechfunkverkehr wird "wechsel" gesprochen, das bedeutet, dass ein Funker spricht und die anderen zuhören. Hat die sprechende Station ihre Durchsage beendet und die Sendetaste (PTT-PushToTalk) losgelassen, drückt die Gegenstation ihre PTT-Taste und antwortet. Ein "sich gegenseitig in das Wort Fallen" ist nicht möglich! Um auf Sendung zu gehen, wird zuerst die Sendetaste (PTT) gedrückt und dann erst gesprochen. Bei Aktivierung der Sendetaste wird der Lautsprecher des Funkgeräts stumm geschaltet und das Mikrofon scharf. Wer also gerade sendet und spricht, kann nicht gleichzeitig hören. Nachdem man seine Durchsage beendet hat, lässt man nach dem letzten gesprochenen Wort die PTT-Taste los und geht damit wieder auf Empfang. Erst dann ist der Lautsprecher wieder aktiv und die Gegenstation kann gehört werden. In der Fachsprache nennt sich diese Betriebsart "simple" oder "half" oder "halb-duplex" - einfaches Wechselsprechen. Radio hören findet in der Betriebsart "simplex" statt. Eine Station betreibt nur einen Sender, die andere hat nur einen Empfänger. Sender und Empfänger können kein Gespräch miteinander führen (der Mann im Radio hört dich nicht, wenn du in dein Küchenradio sprichst!). Die Betriebsart "full-" oder "voll-duplex" kennen wir vom Telefon, es ist ein gleichzeitiges Sprechen möglich. Hier kann man dann auch seinem Gesprächspartner in das Wort fallen und er würde es auch hören. Im freien Bürgerfunk ist aber nur die Betriebsart "simple" oder "halb-duplex" gebräuchlich und die daraus resultierende Abwicklung von Funkgesprächen. Es sollte immer nur Einer sprechen - alle Anderen hören bis zum Ende der Aussendung zu und sprechen erst nach Beendigung der Durchsage, wenn die Frequenz bzw. der Kanal wieder frei ist.

Angenommen, wir haben drei Funker mit gleichwertiger Ausrüstung, also gleiches Funkgerät mit gleicher Sendeleistung und gleicher Antenne, und zwei Funker drücken gleichzeitig die Sendetaste. Was passiert? Die zwei Funker mit gedrückter Sendetaste können schon einmal nichts voneinander hören, da der Lautsprecher bei gedrückter Sendetaste ja stumm ge-

schaltet ist. Beide Funker bekommen also nichts davon mit, was gerade vom Anderen gesprochen wird. Der dritte Funker hat sein Funkgerät auf Empfang, seine Sendetaste ist nicht gedrückt. Bei ihm kommen nun beide Aussendungen der Funkpartner gleichzeitig an seiner Antenne an. Stehen die beiden sendenden Funker in gleicher Entfernung zum dritten Funker als Empfänger, hört dieser ein Mischprodukt aus beiden Signalen. Das klingt dann so wie beim Radio, wenn sich zwei Sender überschneiden. Der Empfänger versteht die Nachricht von den beiden Sendern nicht und hört stattdessen ein Störgeräusch. Keine der beiden Nachrichten kann erfolgreich empfangen werden. In einer wichtigen Kommunikation sind also zwei Nachrichten durch einen Bedienfehler verloren gegangen!
Steht einer der beiden Funker (Sender) nun näher am dritten Funker (Empfänger), kommt sein gesendetes Signal stärker bei der empfangenden Station an. In diesem Fall setzt sich das stärkere Signal durch und kann verstanden werden. Aber auch jetzt kann die Verständlichkeit noch negativ durch die doppelte Aussendung auf gleicher Frequenz beeinflusst sein und hierdurch leiden.

Daraus lässt sich die einfache und **erste Regel** für den "halb-duplex" Sprechfunk ableiten: Es darf nur eine Station auf Sendung gehen, alle anderen hören zu. Spricht eine Station, hält also die Sendetaste gedrückt, ist der Kanal bzw. die Frequenz belegt. Weitere Stationen, die jetzt auf gleicher Frequenz auf Sendung gehen, stören die Kommunikation erheblich!

Das bringt uns schon zur **zweiten Regel**. Bevor man mit seinem Gesprächspartner Kontakt aufnimmt, also die Sendetaste drückt, um diesen zu rufen, muss überprüft werden, ob der Kanal bzw. die Frequenz noch frei ist. Es bringt nichts, einen schon belegten Kanal doppelt mit Sendesignalen zu belegen. Keiner der Funker hätte etwas davon, alle würden sich gegenseitig stören und Nachrichten könnten nicht sinnvoll übertragen werden.

Um das zu vermeiden sollte die **dritten Regel** beachtet werden: Es muss vor einem Gespräch immer geprüft werden, ob der Kanal wirklich frei ist. Dazu muss der Empfänger auf der Wunschfrequenz bzw. dem Kanal möglichst alles mitbekommen, was auf der Frequenz los ist. Der Empfänger muss so eingestellt werden, dass er auf keinen Fall andere Signale ausblendet. Diese Ausblendung kann durch folgende Einstellungen am Funkgerät passieren: Das Gerät hat eine Pilot- oder Subton- Rauschunterdrückung, die nicht nur das Rauschen in Gesprächspausen unterdrückt, sondern auch alle anderen Signale ohne den passenden Subton. Mit dieser Einstellung kann man nur die Aktivität von Funkgeräten mit gleichem Subton hören, alle anderen Signale bleiben ungehört. Da eine Doppelbelegung eines Kanals aber zu Störungen führen würde, muss man einen Kanal auf alle Signale abhören. Das geht nur, wenn die Subtonsperre ausgeschaltet wird. Erst dann können alle Signale gehört werden.

Die normale Rauschsperre (Squelch) arbeitet hingegen nur in Abhängigkeit zur Signalstärke. Starke Signale kommen am Lautsprecher an, schwache Signale und Rauschen werden abgeblockt. Ist die Rauschsperre so eingestellt, dass nur sehr starke Signale den Weg zum Lautsprecher finden, bleiben alle Signale unter dieser Grenzschwelle ungehört. Um zu überprüfen, ob der Kanal frei ist, muss die Rauschsperre ganz offen sein, also deaktiviert.

Manche Funkgeräte bieten die Möglichkeit, den Empfang abzuschwächen (RF-Gain). Das kann bei zu starken Signalen helfen, die Verständlichkeit zu verbessern. Der Empfänger bekommt weniger zu tun und "stopft nicht zu". Ist der Empfang durch eine falsche Einstellung des RF-Gains stark abgeschwächt, werden auch schwache Signale weiter abgesenkt. Als Folge rutschen diese dann unter die Hörgrenze und werden nicht gehört. Um sicher zu sein, dass alle Signale mit voller Stärke empfangen werden, muss der Empfänger auf volle Empfindlichkeit eingestellt sein. Der Empfang darf nicht durch falsche Einstellungen abgeschwächt werden.

Die **vierte Regel** hat nichts mit den Einstellungen am Funkgerät zu tun, sondern mit der Einstellung des Funkers. Der Funker muss mitunter sehr geduldig sein. Hört man nur kurz ab, ob ein Kanal frei ist, kann es passieren, dass man eine entfernte Station nicht hört, weil diese zu weit weg ist. Das heißt aber nicht, dass auch deren Gesprächspartner so weit von der eigenen Position entfernt sind. Fängt man nun in genau so einer vermeintlichen Funkstille an zu senden, wird man mitunter der Störung bezichtigt oder aber gebeten, das Gespräch nicht zu stören und einen freien Kanal

14

zu suchen. Was ist gerade passiert? Man ist in ein Funkgespräch geplatzt, bei dem man selbst nur einen der Gesprächsteilnehmer hören konnte. Die Ursache hierfür liegt in der Regel im eigenen Standort. Würde man zwischen den beiden Stationen stehen, hätte man beide auch gehört. Steht man aber nur nahe zu einer der Stationen, bekommt man deren Gesprächspartner nicht mit. Will man bei so einer einseitigen Funkrunde mitreden, hilft nur Geduld. Man muss aus dem Hörbaren erahnen, wann ein günstiger Moment für eine eigene Aussendung ist, ohne dabei andere zu stören, oder aber das Gesprächsende sicher abwarten. Hat man doch gestört und wird durch die hörbare Station zu Wort gebeten, entschuldigt man sich und wechselt den Kanal oder fragt ob man am Gespräch teilhaben kann. Man wird dann entweder eingeladen oder gebeten, das Gesprächsende abzuwarten. Hier heißt es: Geduld haben und Finger weg von der Sendetaste!

Regel fünf betrifft das Funken mit drei oder mehr Teilnehmern. Die vorher beschriebenen Regeln sollen alle verhindern, dass mehrere Sender gleichzeitig auf derselben Frequenz senden und sich dadurch gegenseitig stören. Sind mehr als zwei Funker auf dem gleichen Kanal aktiv, muss durch gezieltes Ansprechen per Name oder Funkrufzeichen sichergestellt werden, wer antworten soll. Gibt es z. B. mehrere Funker mit dem Namen Peter im Funkradius, ist es besser, ein individuelles Funkrufzeichen zu verwenden, als "Peter bitte kommen!" zu rufen, damit nicht alle Peter gleichzeitig antworten. Der Kanal wäre sonst doppelt belegt und gegenseitige Störungen wären die Folge. Man ruft also besser "Adlerhorst 2 für Adlerhorst 1" oder "ich übergebe das Mikrofon an Adlerhorst 2". Damit ist sichergestellt, dass immer nur die angesprochene Station zum Antworten die Sendetaste drückt und nicht etwa Peter/Adlerhorst 3 dazwischen quasselt.

Pausen lassen, als **Regel sechs,** lässt Platz für andere Funker. Damit andere Funker eine Chance haben, sich in ein laufendes Gespräch einzubringen, lassen alle Teilnehmer eine kurze Zeit der Stille vergehen, bevor mit der eigenen Aussendung begonnen wird. So bleibt einem weiteren Teilnehmer die Möglichkeit erhalten, sich kurz bemerkbar zu machen. Im CB-Funk erfolgt das mit dem gesprochen Buchstaben "X" oder

"QRX" oder einem "Break", dann wartet man, bis man zum Sprechen aufgefordert wird. Wollen viele "Xe" gleichzeitig in ein Gespräch, kann auch "X von Adlerhorst 5" verwendet werden, dann wird der Rückruf gleich genauer adressiert. Ansonsten hilft auch hier: Geduld haben und abwarten, bis man dran ist.

"Fasse dich kurz" lautet die **Regel sieben.** Funkbedingungen können sich schnell ändern, insbesondere, wenn sich Funkstationen bewegen. Es ist daher sinnvoll, lange Sachverhalte in kleineren Häppchen zu übermitteln, anstatt den ganzen Roman am Stück per Funk zu verlesen (also kurze Sendedurchgänge machen und dann von der Gegenstation den Empfang bestätigen lassen). So bekommt man sich ändernde Funkbedingungen besser mit und die Nachricht kommt richtig verstanden an. Je mehr sendefreie Zeit bei einem Funkgespräch bleibt, um so eher haben andere Stationen eine Chance, z. B. einen Notruf zu melden. Monologe von einer einzelnen Station blockieren den Kanal und sind oft auch bei anderen Funkern wenig geschätzt.

Regel acht lautet "immer freundlich bleiben!". Es gibt auch auf Funk Gründe, warum es hin und wieder unfreundlich werden kann. Oft liegt der Grund für Unfreundlichkeiten schon darin, dass eine der Regeln von einem Funker nicht beachtet wurde. Dadurch kann es zu Störungen kommen und wichtige Durchsagen kommen nicht mehr an. Es ist dann verständlich, dass es zu Ärgerausbrüchen kommen kann. In jedem Fall sollte Streit aber vermieden werden. Wenn zwei sich streiten, freut sich der Dritte am Funkgerät selten. Streitereien nerven nicht nur andere Funkteilnehmer, sondern blockieren auch den Kanal.

Es gibt immer wieder absichtliche Störer. Jedermannsfunkgeräte sind für Jedermann zugänglich und frei im Handel erhältlich. Damit kann praktisch jeder Bürger zur Sendestation auf Funk werden. Das lässt auch Spielraum für Menschen, die die Gespräche anderer stören wollen. Auf die Hintergründe der Störung wird jetzt aber nicht weiter eingegangen. Genauso wenig sollte man auf Störer oder Streitereien eingehen.

"Nicht aufgeben" **als neunte Regel** gilt insbesondere, wenn man dringlich eine Funkverbindung aufbauen will. Es gibt beim Funk häufig die Situation, dass man zwei Stationen hören kann, diese aber nicht auf den eigenen Anruf reagieren. Das muss nicht immer daran liegen, dass die zwei nicht mit dir reden wollen und dich deshalb ignorieren. Der Grund kann auch technischer Natur sein. Liegt bei den beiden gehörten Funkern eine lokale, schwache Störung vor, so können sich beide zwar noch gut hören und verstehen, sind aber taub für Signale von außen, die schwächer ankommen, als die Störung. Das Störsignal verdeckt schwache Signale von weiter entfernten Stationen. Hier kann man also nur Gehör finden, wenn man stärker als das Störsignal ankommt. Um das zu erreichen, muss man den eigenen Standort verändern und die Entfernung zu den anderen Stationen verringern, damit das eigene Signal dort stärker ankommt. Hat man es geschafft, einen kurzen Kontakt zu bekommen, ist es sinnvoll, den anderen Funkern den Wechsel auf einen ungestörten Kanal vorzuschlagen. Dieser sollte natürlich vorher abgehört werden - bei einem blinden Kanalwechsel platzt man sonst schnell in eine andere Gesprächsrunde. In der Funkersprache wird dafür auch gerne die Abkürzung "QSY auf Kanal X" genutzt, damit die Wechselansage möglichst schnell durch geht. Eine kurze Bestätigung "QSY auf Kanal X verstanden" hilft auch weiteren Teilnehmern dabei, den Wechsel mitzubekommen. Eine Station kann auch die Aufgabe übernehmen, Nachzügler einzufangen, während die anderen Funker schon auf die Ausweichfrequenz wechseln. Die verbliebene Station ruft dann solange "QSY auf Kanal X", bis keine Rückmeldung mehr kommt und sich alle auf dem neuen Kanal befinden. Ein weiterer Grund für Verbindungsprobleme sind die Funkbedingungen. So kommt es vor, dass eine Verbindung tagelang sehr gut funktioniert und dann auf einmal nicht mehr. Solange der Fehler nicht in der Funkanlage liegt, sind hierfür die äußeren Bedingungen verantwortlich. Sonne, Regen, Nebel, Schnee, Tag und Nacht sind die direkt ersichtlichen Faktoren für die Reichweite. Aber auch Änderungen in der Ionosphäre oder der Bodenfeuchtigkeit haben Einfluss auf die Funkwellen. Genau so schnell, wie sich die Funkbedingungen verschlechtern können, können sie sich auch wieder verbessern. Hier hilft nur warten und später noch einmal rufen. Auch lokale Störungen sind nicht immer dauerhaft und können wieder vom Kanal verschwinden, sodass es mit der Funkverbindung klappt.

Bild: Hindernisse für die Wellenausbreitung

Die zugelassenen Funkgeräte für den freien Bürgerfunk arbeiten in Frequenzbereichen, in denen sich die Funkwellen zunehmend quasioptisch ausbreiten. Das bedeutet, sie verhalten sich wie der Strahl eines Scheinwerfers. Der CB-Funk liegt bei 27 MHz, Freenetfunk bei 149 MHz und der PMR-Funk bei 446 MHz. Je höher die Frequenz ist, um so mehr verhalten sich die Funkwellen wie Lichtwellen. CB-Funk befindet sich am oberen Ende der Kurzwelle und zeigt noch Ausbreitungseigenschaften der tiefer liegenden, längeren Wellen, wird je nach Bedingungen von Schichten der Ionosphäre reflektiert und folgt noch in geringem Maß der Beugung durch Hindernisse sowie der Erdkrümmung. Da CB-Funk schon nahe am UKW-Bereich liegt, kommt meistens die quasioptische Komponente stärker zum Tragen. Über Reflexionen sind in den Sommermonaten sogar auf CB-Funk Verbindungen möglich, die weit über 2000 km hinausgehen können. Das ist jedoch stark bedingungsabhängig und kann nicht als Richtwert dienen. Durch die Erwärmung der Ionosphäre wird diese zum Spiegel für Funkwellen. Es kommt zu Überreichweiten bis in den UKW-Bereich, welche aber nur sporadisch auftreten.

Experimentelle Funkstellen, wie H.A.A.R.P, dienen u. A. der Erforschung von künstlich hergestellten Spiegelflächen in den Himmelsschichten. Durch hochenergetische und gebündelte Bestrahlung wird ein Punkt erwärmt und seine Reflexionsfähigkeit dadurch erhöht. Meist geben militärische Interessen den Antrieb für die Forschung. Man möchte mit dem Spiegel am Himmel über den Horizont bis weit über die Erdkrümmung blicken können, um z. B. einen Raketenstart zu lokalisieren.

Dieses Verfahren würde einen Blick in Gebiete ermöglichen, welche durch Satelliten nicht erfasst werden, und ist wirtschaftlich gesehen wesentlich günstiger sowie strategisch flexibler als die Überwachung aus der Umlaufbahn. Da man mit solch einem künstlichen Spiegel am Himmel eventuell noch mehr anstellen kann als nur einfache Feindbeobachtung, ranken sich viele Gerüchte um weitere Erkenntnisse der H.A.A.R.P. -Forschung. In den Waffenkatalogen der Kriegsmaschinerie werden auf jeden Fall mobile Systeme stark umworben, welche auffällige Festanlagen in Zukunft sehr flexibel ablösen sollen.

Der **Freenetfunk** in Deutschland liegt bereits im höheren UKW- Bereich, auch VHF (very high frequency) genannt. Hier werden die Funkwellen kaum noch reflektiert und verlassen den Planeten. Auch die Erdkrümmung setzt klare Reichweitengrenzen. Im Frequenzbereich der PMR-Geräte liegen tatsächlich optische Bedingungen vor. Reflexionen finden maximal noch an Bauwerken statt, der Rest verpufft im All oder an Hindernissen.

Die Vorgabe heißt hier dementsprechend **"quasioptisch"** = möglichst hoch, möglichst frei und möglichst keine Hindernisse auf dem Funkweg. Hier ist der Punkt, an dem der Bürgerfunk in seinen Möglichkeiten sowohl unter- als auch überschätzt wird. Wer in den Straßenschluchten der Stadt unterwegs ist, der wird oft nur wenige Straßenzüge weit kommen. Steht zumindest eine der Stationen auf einem Hochhaus, ist vielleicht schon ein ganzes Stadtviertel erreichbar. Die Station auf dem Hochhaus könnte zudem das Umland erreichen, vorausgesetzt, das Hochhaus ist nicht das niedrigste der Stadt. Wegen der vielen, direkten Hindernisse erfahren die Funkwellen in der Stadt die höchste Dämpfung und die Reichweite ist sehr begrenzt.

Leider ist der **Störpegel** durch die vielen anderen Geräte und Anlagen in der Stadt am höchsten. Das wirkt sich zusätzlich negativ auf die Reichweite aus, denn die Funksignale werden durch diese Störungen stark beeinträchtigt. Innerhalb der Stadt sind mit den legalen Mitteln oft nur kurze Distanzen zu überbrücken. Hier dürfen die Erwartungen nicht zu hoch angesetzt werden. Wesentlich besser ist die Reichweite, wenn man sich auf hohen Häusern oder Türmen befindet. Mit der Höhe der Gebäude gewinnt man dann auch etwas Abstand zu den niedriger gelegenen Störquellen. In **ländlichen Gebieten** sind die Häuser meist niedriger und stellen kein so großes Hindernis mehr da. Hier sind größere Reichweiten möglich und man erreicht vielleicht sogar Funker aus der Stadt, die auf einem Hochhaus stehen. Leider sind auch die kleinen Städte extrem durch Störquellen verseucht. PLC (LAN über Steckdose), LED-Beleuchtungen (Billigware), Plasma-Bildschirme, Solarregler, Industrieanlagen und viele weitere Störquellen können den Funkempfang stark beeinträchtigen. Manche Standorte sind mittlerweile so stark belastet, dass Funkbetrieb dort keinen Sinn macht. Hier hilft nur ein Standortwechsel der Empfangsantenne. Bevor man also überhaupt Funkbetrieb machen kann, sollte immer der Störpegel überprüft werden. An einem gestörten Standort bringt auch die beste Ausrüstung nichts.

Von den hohen Spitzen der **Berge** aus lässt sich ganz hervorragend funken. Man ist sehr hoch gelegen, es ist eine freie Abstrahlung möglich und man kommt auch über entfernte Hindernisse. Ebenso auf der Alm gibt es Störungen, wenn der Alm-Öhi meint, seine Melkanlage per PLC fernsteuern zu müssen. Auch hier hilft nur ein Standort-Check. Mal abgesehen von möglichen strahlenden Hightech-Öhis hat man grundsätzlich auf den Bergen seine Ruhe und findet gute Bedingungen zum Funken vor. In den Tälern zwischen den Bergen gilt dann aber faktisch das Gleiche wie in den Straßenschluchten der Stadt, inklusive des "ManMadeNoise".

Zusammengefasst lässt sich also Folgendes für mögliche Reichweiten festhalten, vorausgesetzt, der Funkbetrieb ist überhaupt möglich. Die Werte hängen unmittelbar vom Standort der Station ab, wobei CB-Geräte eine höhere legale Sendestärke haben und dadurch einen Vorteil:

Standort	CB-Funk	Freenet	PMR
Stadt	500 m - 4 km	300 m - 3 km	100 m - 2 km
Land	5 - 50 km	1 - 5 km	500 m - 4 km
Berge	10 - 200 km	5 - 50 km	2 - 20 km

Sitzt man mit seinem kleinen Handgerät und Aluhut auf dem Kopf im Keller einer Stadtwohnung, hat man praktisch keine Reichweite.

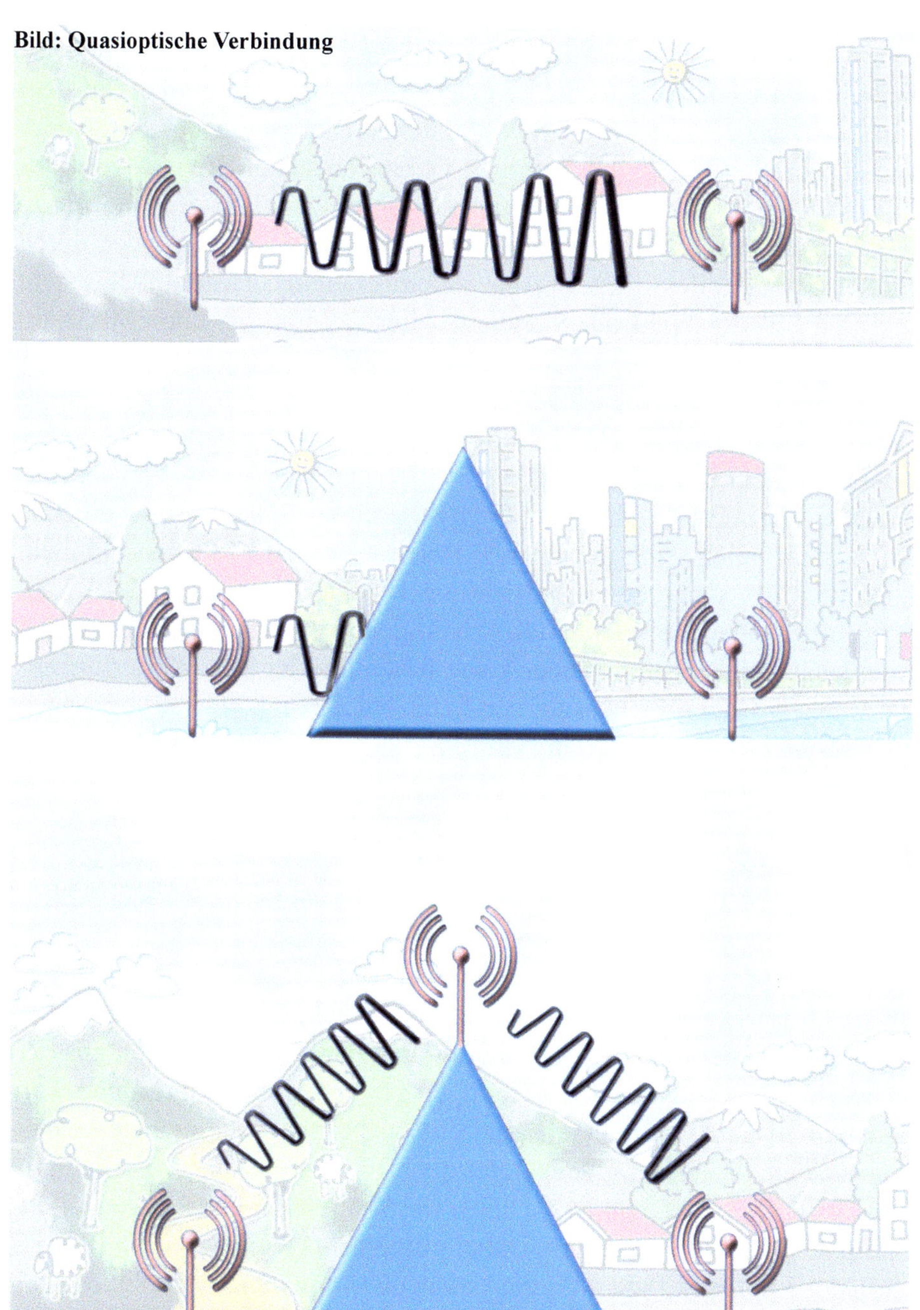

Eine quasioptische Verbindung kann durch Hindernisse blockiert werden, die Station, die sich oben auf dem Hindernis befindet, erreicht hingegen tiefere Stationen.

Wenn viel Stahlbeton verbaut ist, kann sogar die Kommunikation innerhalb von Gebäuden Probleme machen. Sitzen beide Funker auf dem Dach der Gebäude, sind auch Verbindungen innerhalb der Stadt oder zum Umland möglich. Im bergigen Gebiet entstehen Reichweiten nur innerhalb eines Talzuges oder von den Bergspitzen bis weit in das ganze Land. In der Praxis ergeben sich oft schlechtere Reichweiten oder, durch Beugung und Reflexionen, bessere Reichweiten als erwartet. Alles steht und fällt mit der Wahl der Standorte. Hier reichen oft schon 50 Meter Standortwechsel.

Funkamateure und professionelle Dienste dürfen auch die längeren Frequenzbereiche nutzen (MW=Mittelwelle, LW=Langwelle). Bei niedrigeren Frequenzen werden die längeren Wellen zunehmend von der Ionosphäre reflektiert. Da die quasi Sichtverbindung keine so entscheidende Rolle mehr spielt, sind auch große Reichweiten aus Tallagen möglich, Hier wird oft sogar bewusst Richtung Himmel gesendet (NVIS), um über Reflexionen die Nachbartäler zu erreichen. In diesen längerwelligen Frequenzbereichen gibt es aber keine freien und legalen Bürgerfunkanwendungen. Daher bleibt es für den freien Bürgerfunk bei quasioptischen Ausbreitungsbedingungen und die Wahl des Standortes ist maßgeblich für möglichen Reichweiten.

Wer nur Nachrichten hören will, darf natürlich legal die langwelligen Radioprogramme empfangen und erhält dadurch Informationen aus der ganzen Welt. Leider haben in den letzten Jahren sehr viele der Kurz-, Mittel- und Langwellensender ihren Betrieb eingestellt. Die Anlagen wurden abgebaut und verschrottet, die hohen Masten gefällt. So kommt es zu einem starken Rückgang beim deutschsprachigen Rundfunkangebot. Seit 2015 werden im Land die Masten in Lichtgeschwindigkeit aus der Landschaft entfernt und der Weltempfänger verstummt zunehmend. Um dennoch etwas zu empfangen, sind die Ausbreitungsbedingungen daher zu beachten. Als Regel gilt: Je tiefer die Nacht, um so länger ist die optimale Welle zur Übertragung. Je höher die Sonne steht, umso höher ist die optimale Frequenz zu wählen. Daher gilt: Nachts LW, tags KW.

Zu jeder Frequenz lässt sich die passende Wellenlänge berechnen. Als fester Wert der Formel steht die Lichtgeschwindigkeit, als Variable wird die Frequenz eingesetzt. Die Division von Lichtgeschwindigkeit durch Frequenz ergibt die Wellenlänge (einfache Formel $c/f = \lambda$).

In der Praxis begegnen wir der Wellenlänge bei den Abmessungen der Funkantennen. Eine lange Welle braucht eine sehr lange Antenne, eine sehr hohe Frequenz kann mit sehr kurzen Antennen optimal abgestrahlt werden. Durch die Wellenlängeformel ist also die Länge der optimalen Antenne berechenbar und vorbestimmt. Daraus kann man dann auch herleiten, dass die Antenne zur Wellenlänge genau passen muss und sowohl die Verlängerung als auch die Verkürzung der Antenne zu einer Verstimmung abweichend zur Resonanzfrequenz führt.

Resonanz lässt sich auch mit Hilfe von akustischen Wellen im Versuchsaufbau darstellen. Zwei gleich lange Stimmgabeln mit 440 Hz Ton werden nebeneinander positioniert. Nun wird eine der Stimmgabeln angeschlagen und schwingt mit 440 Hz, die andere bleibt unberührt. Die von der ersten Stimmgabel ausgesendeten Schallwellen erreichen die zweite Stimmga-

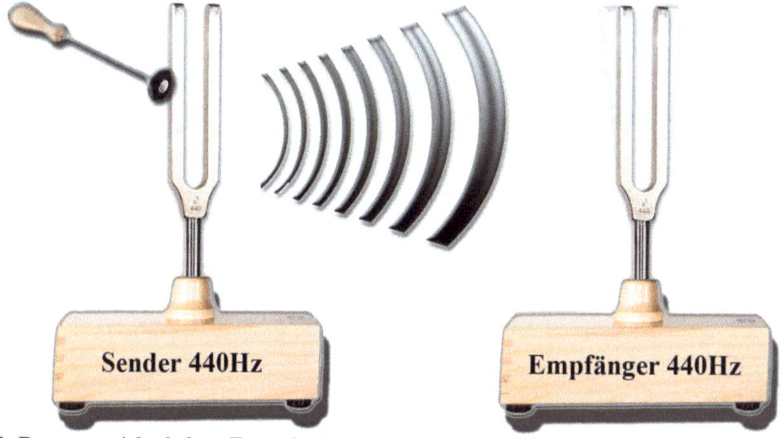

Bild: Resonanz / drahtlose Energieübertragung am Beispiel von Stimmgabeln

bel, diese fängt nun wie von Geisterhand auch zu schwingen an. Sie ist resonant zu den Schwingungen der ersten Stimmgabel. Würde man eine der Stimmgabeln in der Länge verändern, würde diese drahtlose Energieübertragung nicht mehr funktionieren. Genauso verhält es sich auch mit der Länge des Funkantennenstrahlers und der Wellenlänge.

Aus der Wellenlängenformel errechnen wir also folgende Werte: ca. 11 Meter Wellenlänge bei 27 MHz für CB-Funk, ca. 2 Meter Wellenlänge bei 149 MHz für Freenet und 70 Zentimeter für PMR-Funk bei 446 MHz.

Wer die Wellenlängen genau betrachtet und auf die passende Funkanwendung überträgt, kann überschlagen, dass Antennen für CB-Funk recht lang sein müssen, während die Antennen für PMR-Funk handlich kurz ausfallen. Zwar ist im CB-Funkbereich eine höhere legale Ausgangsleistung des Funkgerätes erlaubt und auch die Ausbreitungsbedingungen ermöglichen größere Reichweiten, aber der Aufwand auf der Antennenseite ist wesentlich höher.

Die Antenne für ein CB-Handgerät muss zum Glück nicht volle 11 Meter lang sein. Antennen mit voller Wellenlänge erzeugen nämlich unerwünschte Steilstrahlung und sind aufwendig in der Anpassung zum Sender. Eine flachere Abstrahlung und auch leichtere Anpassung ergibt sich bei halber oder viertel Wellenlänge ($\lambda\frac{1}{2}$, $\lambda\frac{1}{4}$ Lambda). Damit wird die zur Resonanz notwendige Länge der Antenne schon erheblich beherrschbarer, bleibt aber, im Fall von CB ($\lambda\frac{1}{2} = 5{,}5$ Meter und $\lambda\frac{1}{4} = 2{,}75$ Meter), immer noch unhandlich lang.

Für CB-Funkantennen liegt eine der resonanten Längen bei 2,75 Meter. Somit ist zwar die Anforderung nach resonanter Länge efüllt, aber es bestehen starke mechanische Einschränkungen.

Damit die Handfunkantenne auf handliche Maße kommt, also kürzer ausfallen kann, muss die zur Resonanz fehlende Länge in anderer Form ergänzt werden. Dies erfolgt durch Verlängerungsspulen, die fehlende Länge wird zu einer Spule gewickelt. Eine mechanisch verkürzte Antenne erhält auf diese Weise wieder eine elektrisch resonante Länge. Diese Art der Verlängerung stellt zwar die Resonanz wieder her, ist aber auch mit Verlusten behaftet. Ein Teil der zugeführten Sendeenergie wird in der Verlängerungsspule in Wärme umgewandelt, diese wird dann nicht mehr durch den Antennenstrahler abgestrahlt.

Je mehr eine Antenne verkürzt wird, um so länger wird der Teil, den die Spule ausmacht. Mit steigender Anzahl von Windungen der Spule steigen die Verluste, auch trägt die Spule selbst nicht maßgeblich zur Abstrahlung bei. Daher sinkt die mögliche Reichweite deutlich, wenn die Antenne auf mechanische Art weit unter den elektrischen Resonanzpunkt der Wellenlänge gekürzt wird.

PMR- und Freenetgeräte kommen wegen der kürzere Wellenlänge mit kürzeren Antennen aus, eine $\lambda\frac{1}{4}$-Antenne für PMR-Funk hat nur eine Länge von 17,5 cm.

Das Verhältnis Wellenlänge λ zu mechanisch praktikabler Antennenlänge ist hier sehr günstig.

Handfunkgeräte - funken aus der Hand

Bild: CB-Handfunkgeräte

Du musst nur mit dem Rucksack beladen deinen Wohnort verlassen oder Strom und Handy sind ausgefallen und du willst wissen, was in deiner Stadt los ist. Hier ist das Handfunkgerät sicher die schnellste Lösung. Einfach einschalten und losfunken – es müssen keine Kabel gezogen werden und keine Stecker gesteckt werden, Antenne und Batterie sind komplett in einer Hand.

CB-Handfunkgeräte

In den letzten Jahrzehnten gab es wenige wirkliche Neuheiten am Markt, sondern vermehrt Wiederauflagen von bestehenden Modellen. Die günstige Produktion in Fernost beschert dem CB-Handfunker aber mittlerweile frischen Nachschub an neuen und recht brauchbaren Geräten. Die CB-Geräte kosten 100 bis 200 € und mit SSB bis zu 320 €. Akkus und Ladegerät müssen extra dazu besorgt werden. Mit einem Akkuset ist die Funkzeit sehr begrenzt, denn in den kleinen Gehäusen ist wenig Platz für die Stromgeber. Ein zweiter Akkusatz ist also sicher eine gute Investition. Akkusets kosten, je nach Qualität und Leistung, zwischen 10 und 40 € pro Satz. Billige Akkus halten nicht lange (Kapazität) und gehen meistens auch schneller kaputt (Ladezyklen). Die mitgelieferten Antennen sind meist absolut unbrauchbar, hier sollte sofort eine bessere Antenne eingeplant werden (ab 25 € für eine Flexantenne und bis 80 € für eine Faltblattantenne). Damit hat man dann Reichweiten von ca. 10 km auf dem Land und 2 km in der Stadt. Von höheren Punkten aus sind auch Reichweiten von über 30 km auf dem Land möglich – vom Hochhausdach aus besteht die Möglichkeit, das Umland zu erreichen. Das sind aber sehr optimistische Angaben, denn die Antennen sind im Verhältnis immer noch zu kurz und jedes Hindernis dämpft das Signal zusätzlich.

Bei dem abgebildeten Modell handelt es sich um eine selbstgebaute Blattantenne. Diese Zusatzantenne ist aus dünnen Stahlstreifen gefertigt und dadurch flexibel. Für CB-Funk liegen die Längen bei 40 - 70 cm. Die für die Resonanz notwendige Verlängerungsspule befindet sich am Fuß der Antenne.

Eine weitere Leistungssteigerung ist mit portablen Drahtantennen möglich. Diese können an nicht leitenden Gegenständen (z. B. Bäumen) befestigt werden oder an einem Funk-GFK-Mast bzw. einer GFK- Angelrute aufgehängt werden. Die Verbindung zwischen Antenne und Handfunkgerät wird durch ein Koaxialkabel hergestellt.

Alte CB-Handfunkgeräte hatten oftmals eine sehr lausige und leise Sprachqualität, sodass hierdurch die Reichweite begrenzt war – die Gegenstation konnte dich nicht gut verstehen, du warst leiser als andere und konntest dich nicht gegen Störungen abheben.

Einen weiteren Nachteil der Handgeräte kann, je nach Modell, die mangelnde Großsignalfestigkeit beim Betrieb mit einer besseren Antenne darstellen. Das Handgerät kann nicht das volle Potenzial einer gewinnbringenden Antenne ausnutzen, der Empfänger wird durch das stärkere Signal überlastet und man kann Gegenstationen trotz besserer Antenne nicht besser verstehen.

Viele der neueren Geräte machen jedoch einen guten Job und sind absolut gleichwertig zu CB-Mobilgeräten. Ein Abgleich beim Fachhändler kann zusätzlich einiges bewirken.

Rechnest du alle **Kosten** für eine brauchbare CB-Handfunklösung zusammen, merkst du schnell, dass Handfunkgeräte sehr teuer sind im Verhältnis zu ihrer funktechnischen Leistung. Wer wirklich an Funk mit zuverlässiger Verbindung interessiert ist, kann in den CB-Handfunkgeräten nur eine zusätzliche Not(funk)lösung sehen.

Für den Nahbereich sollten auch Geräte für PMR oder Freenet bereit stehen - diese am besten im Paar und unbedingt solche, die mit normalen Haushaltsakkus bzw. Batterien zu bestücken sind!

PMR-Handfunkgeräte

PMR-Handfunkgeräte haben aktuell die größte Verbreitung in Europa. Sie werden in den Qualitäten von Kinderspielzeug bis Profiwerkzeug verkauft. Man findet sie in Baushops, an Tankstellen, im Spielzeugregal aber auch im Funkfachgeschäft - dort dann gleich mit Zubehörauswahl. Einfache Modelle taugen nicht für ernsthafte Funkverbindungen und sind ein nettes Kinderspielzeug. Bekannte Hersteller von Funkgeräten bieten hier meist viel wertigere Geräte mit besserer Haltbarkeit und Reichweite. Bei den Spitzenmodellen handelt es sich oft um Geräte aus dem Betriebsfunkbereich, welche durch Programmierung in ihrer Leistung und Frequenzwahl für PMR angepasst sind. Damit lassen sich Gruppen innerhalb von 1 bis 3 km organisieren. Die Sendeleistung ist, den Landesvorschriften entsprechend, bei allen Geräten gleich, aber auch ein guter Empfänger und brauchbare Sprachwiedergabe sind für die Praxistauglichkeit und Reichweite beim realen Betrieb entscheidend.

Auch bei den PMR-/Freenetgeräten ist oftmals eine Reichweitensteigerung durch Verwendung einer besseren Antenne möglich. Aber Achtung! Nicht alle Geräte bieten die Möglichkeit, die Antenne zu wechseln. Bei vielen einfacheren Modellen ist die Antenne fest verbaut und kann daher nicht getauscht werden. Die PMR-Geräte sind im Verhältnis zu den CB-Handgeräten sehr klein und handlich. Auch gibt es eine viel größere Auswahl an Modellen, oft mit einer Unzahl an Zusatzfunktionen.

Für kurze Strecken sind die legalen PMR-Geräte eine gute Wahl, bei längeren Strecken punkten aber die CB-Geräte aufgrund der höheren erlaubten Leistung. Mit Freenetgeräten können in der Regel etwas bessere Reichweiten als mit den PMR-Handfunkgeräten erzielt werden. Dafür sind diese aber nur in Deutschland zulässig und meistens teurer in der Anschaffung.

Exportwunder kommen aus China und werden als Amateurfunkgeräte, aber auch als PMR-Geräte angeboten. Sie haben keine allgemeine Zulassung für EU-Länder, werden aber oft als PMR-Funkgerät gehandelt. Exportgeräte haben mehr Leistung und lassen sich per PC programmieren. Dies ist auch zwingend anzuraten, denn nutzt du die Originaleinstellungen, sendest du schnell auf Behördenfrequenzen und könntest deshalb angepeilt werden. Die Aussendung mit solchen Geräten ist wegen der fehlenden Zulassung ohne Lizenz natürlich verboten.

Programmierung

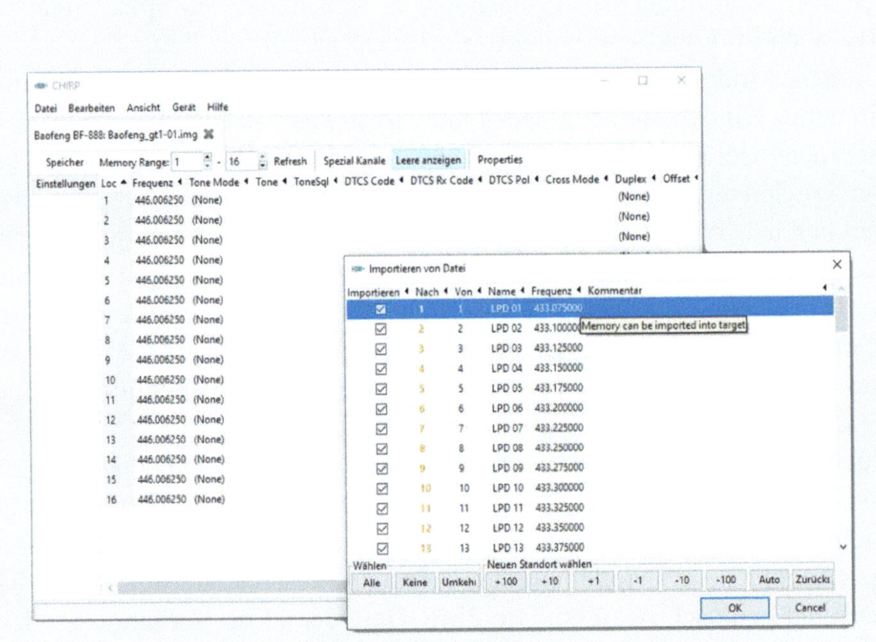

Bild: Software zum Programmieren von Funkgeräten

Viele der neuen Funkgeräte haben zusätzlich zu den Anschlüssen für externe Mikrofone, Lautsprecher, Stromversorgung und Antenne noch eine Buchse zur Programmierung. Bei Handfunkgeräten ist dieser Programmieranschluss oft in die Lautsprecher-/Mikrofonbuchse integriert. Mit einem passenden Kabel, das meistens als Zubehör erworben werden muss, wird die Verbindung zum Computer hergestellt. Früher hatten Kabel oft noch einen Anschluss für den seriellen Port, dieser wurde inzwischen durch USB abgelöst.

Aber Vorsicht: Im Inneren vieler Kabel wird weiterhin seriell gearbeitet. Daher kann es notwendig sein, ältere, passende Treiber zu installieren, bevor Windows selbst einen Treiber aus dem System hervorzaubert.

Die Programmiersoftware muss entweder erworben werden, liegt als CD dem Funkgerät bei oder steht zum Download zur Verfügung. Manchmal hilft auch ein Funkfreund mit der passenden Software, um Kosten zu sparen. Mit der frei erhältlichen Software "CHIRP" lassen sich viele gängige Funkgeräte programmieren. Oftmals finden sich auch kompatible Modelle, falls das zu programmierende Gerät nicht in CHIRP aufgeführt ist. Einstellungen lassen sich speichern und auf baugleiche Modelle klonen.

Bild: programmierbare UHF&VHF Handfunkgeräte

Funk im Auto - Mobilfunk

Bild oben: Mobilfunkantennen für die Montage auf dem Autodach

Viele Autoantennen können mit einem Magnetfuß am Fahrzeug befestigt werden. Für CB-Funk sind die Antennen meist zwischen mindestens 120 cm und 200 cm lang, kürzere Antennen vermindern die Reichweite erheblich.

Bild unten: Mobilfunkgerät

Mobilfunkgeräte findet man, wie der Name schon sagt, in Fahrzeugen. Dort werden die Geräte mit dem 12/24-Volt-Bordnetz verbunden und eine Antenne wird außerhalb des Fahrzeuges angebracht. Direkt aus dem Inneren des Fahrzeuges zu senden, macht wenig Sinn. Das Fahrzeug schirmt die Funksignale aus dem Innenraum ab und man sitzt selbst mitten im Sendefeld. Signale von außen werden stark abgeschirmt (faradayscher Käfig). Deshalb werden die Antennen im Idealfall auf der Dachmitte angebracht. Der Lautsprecher für den Empfang ist meistens in das Gerät eingebaut, über ein externes Handmikrofon wird die Stimme beim Senden aufgenommen. Mit der PTT-Taste (PushToTalk) wird zwischen Sprechen und Hören umgeschaltet. In der Grundausstattung finden sich immer Regler für Lautstärke, Kanalwahl und Rauschsperre. Mit diesen Reglern bedient man die wichtigsten Grundfunktionen. Die Lautstärke wird der Gehörumgebung angepasst, sodass auch leise Signale noch hörbar sind. Die Rauschsperre (oder auch Squelch) unterdrückt in den Gesprächspausen das Hintergrundrauschen und macht so das Zuhören angenehmer. Sie muss an die Signalstärke der Gegenstationen angepasst werden. Erst bleibt die Rauschsperre offen, dann wird sie stückweise zugedreht, bis nur noch die Gesprächspartner den Schwellwert überschreiten und die Sperre automatisch öffnet. Mit dem Kanalwahlschalter werden die Frequenzen/Kanäle geschaltet. Nur Stationen, die den gleichen Kanal eingestellt haben, können sich hören. Aufwendigere Geräte bieten meist noch eine Vielzahl an weiteren Funktionen, wie Modulationsart, Empfangsabschwächer, Mikrofonempfindlichkeit, Displayfarben und vieles mehr. Im Display findet man die Anzeige des eingestellten Kanals bzw. der eingestellen Frequenz, der Signalstärke der empfangenen Signale, der verwendeten Modulationsart sowie weitere Statusanzeigen für aktivierte Funktionen.

Um ein Mobilgerät im Fahrzeug nutzen zu können, muss eine Versorgungsspannung bereit stehen. Diese sollte unbedingt dem Leistungsbedarf des Funkgeräts angepasst sein, um Schäden durch Überlastung der Fahrzeugelektrik zu vermeiden. Bei kleineren Leistungen kann sie aus der Zigarettenanzünderbuchse bezogen werden. Ein direktes Kabel, ausgehend von der Batterie des Fahrzeuges, ist Pflicht bei größeren Leistungen. Auf der Rückseite der Geräte befinden sich der Anschluss für die passende Antenne und eine Buchse für einen externen Lautsprecher.

Bild: "Starke Enten und starke Trucks ", siehe "Convoy"(Truckerfilm von 1978)

Bei Konvoi-Fahrten noch heute ein guter Begleiter on the Road

Auch heutzutage haben viele Trucker ein CB-Funkgerät in ihrem Truck fest eingebaut. Das hilft gegen Langeweile und liefert aktuelle Informationen zur Strecke. So wird auch heute noch vor Staus, Baustellen, Unfällen und natürlich vor der Polizei gewarnt. Die Kanäle 9 und 19 sind in Europa die Kanäle der Trucker. Bevorzugt wird auch weiterhin die Modulationsart AM (Amplitudenmodulation) auf Kanal 9. Hier senden mittlerweile auch viele Autobahnbaustellen Warnmeldungen, um die Fahrer auf Engstellen vorzubereiten. Ebenso für private Konvoi-Fahrten sind CB-Funkgeräte mit einer externen Antenne aufgrund der besten Reichweite eine gute Wahl. Alternative Frequenzen für Mobilstationen liegen im PMR- und Freenet- Bereich. Die 70 cm PMR-Frequenzen dürfen in ganz Europa genutzt werden, während 2 m Freenet eine rein deutsche Freigabe hat und im Rest der EU nicht genutzt werden darf! Auch für diese Frequenzbereiche gibt es mittlerweile eine kleine Auswahl an Geräten mit externen Mobilantennen und Anschluss an das Bordnetz. Aufgrund der geringeren erlaubten Leistungen sind auch die Reichweiten geringer als bei den CB-Funkgeräten. Dank Antennenanschluss lassen sich aber auch mit diesen Geräten Konvois in Kontakt halten. Auf den höheren Frequenzen kommt es seltener zu Überreichweiten und zu weniger Störungen durch weit entfernte Signale, daher kann PMR hier Vorteile haben.

Funken von zu Hause

Bild: CB-Feststationen - große Kisten für das "Shack" (Funkbude)

Die Zeit der großen CB-Feststationen ist vorbei. Groß waren die meisten davon wirklich, in den Abmessungen vergleichbar mit Hifi-Geräten. In Deutschland gibt es schon lange keine neuen Modelle mehr für den Wohnzimmertisch oder das Funker-Shack. Auch aus dem Ursprungsland, den USA, kommen nur noch selten neue Modelle auf den Markt. Der größte Absatzmarkt für die wenigen verbliebenen Hersteller ist das Segment der Mobilgeräte. Hier gibt es noch eine recht große Auswahl und immer wieder Neuerscheinungen, manche sogar mit neuen Ideen oder Funktionen. Eine Base-Station kann und darf man sich aber rund um ein Mobilgerät zusammenstellen. Wichtig ist das passende Netzteil, das immer etwas stärker als der Verbrauch des Gerätes zu bemessen ist. Manche billigen Schaltnetzteile produzieren Störungen im Funk - so etwas sollte nicht angeschlossen werden. Ein Standmikrofon mit Verstärker verleiht der Station Glanz und Lautstärke. Ein großes, beleuchtetes SWR-Meter zeigt den Zustand der großen Dach-Antenne. DSP-Lautsprecher filtern Störungen aus dem Signal, die Fernbedienung dreht die Richtantenne und der PC führt Logbuch im DX-Cluster.

Portabelbetrieb - funken aus dem Rucksack

Warum Funker von zu Hause abhauen - portabel QRV

Es muss nicht immer ein SHTF eintreten (ShitHitTheFan), also ein Ereignis, das einen zwingt, Haus und Hof zu verlassen. Auch ohne ein Solches werden Funkrucksäcke gepackt und Autos beladen. Die Katastrophe besteht in diesem Fall meist nur für den Funker. Nicht, dass der Funker besonders paranoid ist - nein, er hat eine Störung. Diese Störung bezieht sich aber nicht auf den Geisteszustand des Funkers, sondern Schuld sind immer die äußeren Umstände, in denen er lebt. Das heißt auch nicht zwangsläufig, dass der Funker mit seinem Leben am Wohnort nicht mehr klar kommt. Die tiefere Ursache der Störung liegt oft beim Nachbarn. Moderne und vor allem billige Technik aus Fernost verseucht unsere Funkfrequenzen in ganz großem Ausmaß. Vorneweg stehen die Computernetzwerke, die per PLC (Power Line Communications) ihre Daten über das Stromnetz des Hauses verteilen. Diese Netze über Steckdosen senden auch Funksignale aus und die Stromleitungen werden zu Antennen. Leider wurden diese "Funk-Dreckschleudern" dennoch zugelassen, weil sie ja kabelgebunden sind. Aber ohne aufgesetzte, hochfrequente

Bild: Auto-Auffahrfuß aus dem Baumarktteilen

Signale bekommt man keine Daten durch die Steckdose. Vielen Hobby-Funkern bleibt also nur die Flucht von zu Hause, denn dort gibt es neben PLC auch noch LED-Lampen, Plasma-TVs, Solarregler und viele weitere Störsender. Um diesem Störnebel zu entfliehen, werden meist hoch gelegene Standorte mit guten Funkbedingungen aufgesucht. Manche Plätze werden mit dem Auto angefahren, andere Plätze sind nur zu Fuß oder mit dem Fahrrad zu erreichen. Aus kleinen Funk-Camps wird dann "static mobile" oder "static portable" Betrieb gemacht. Das garantiert große Reichweiten ohne lästige Störungen.

Bild: GoBox - transportables Mobilgerät mit Akku

Bild oben links: Antenne und wasserdichte Aufbewahrungsbox für Handfunkgeräte und Zubehör

Bild oben rechts: Aufbau an einer GFK-Angelrute als Mast

Bild unten: Rucksack mit Funkgerät und Drahtantenne (SOTA summit on the air)

Bild: Funkschlumpf im BugOut-Camp (improvisiertes Lager im Wald versteckt)

Blackout

Ein Blackout oder politische Hintergründe könnten uns zum Leben ohne festen Stromanschluss zwingen. Wenn der Strom ausfällt oder man ohnehin schon ohne Strom im BOL (Bug Out Location) sitzt, bleibt auch die Technik stumm. Wer sich dann über Funk mit der Außenwelt verbinden will, ist auf eine autarke Stromversorgung angewiesen. Der Strom kann mit Hilfe eines Stromerzeugers generiert werden. Strom aus dem Generator muss aber einen sauberen Sinus haben, sonst kommen empfindliche Geräte aus dem Takt. Betroffen ist alles mit viel Technik- und Prozessoreinsatz. Die Stromerzeugung sollte keinen Krach machen und sparsam erfolgen. Beim Kauf eines Stromerzeugers sollte daher nicht nur auf Leistung, sondern auch auf Verbrauch, Lautstärke, Gewicht und Reinheit der Spannung geachtet werden. Der Spritvorrat sollte von sehr guter Qualität sein - Tankensprit verliert schnell an Oktan und damit an Kraft. Lange im Aggregat gelagerter Sprit kann dann sogar zu Rost im Vergaser führen. Im BOL sollte, wenn möglich, mit "Aspen" betankt werden - das stinkt weniger und ist im urbanen Raum unauffälliger.

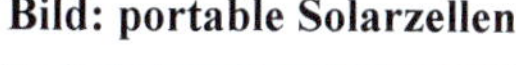

Bild: portable Solarzellen

Moderne Solarzellen in Kombination mit LiFePO4 Akkus versorgen die "portable" Funkstation mit ausreichend Strom. Flexible Solarzellen können gewickelt transportiert werden und die neuen LiFePO4 Akkus sind kleiner und leichter als ihre Vorgänger aus Blei. Neuere Versionen haben bereits alle Schutz- und Ladefunktionen eingebaut und können direkt vom Solarpanel gespeist werden. Das spart viele weitere Teile.

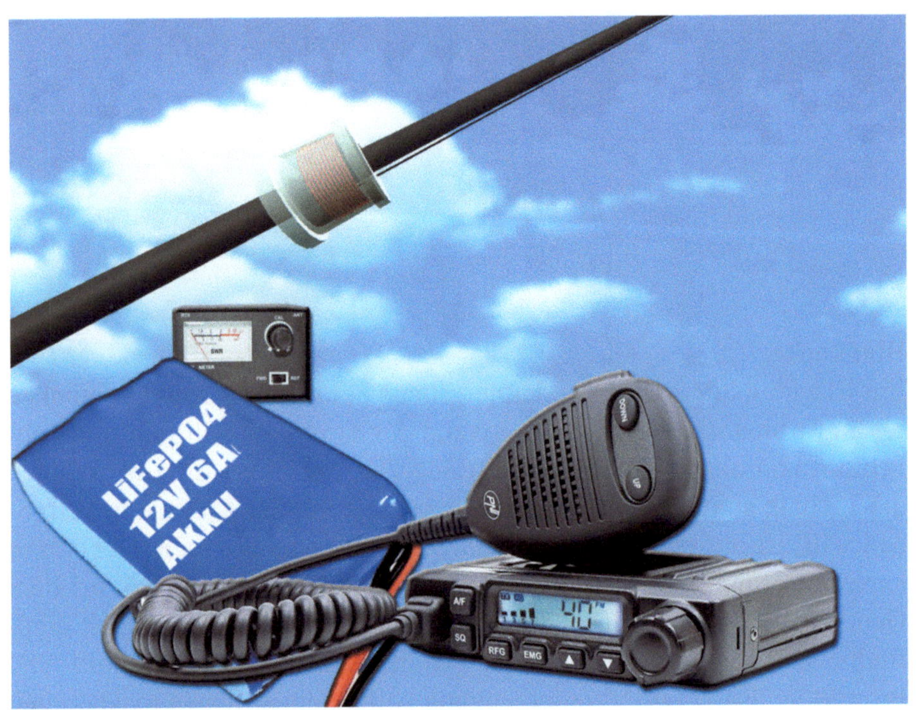

Bild: Funkgerät, Akku, SWR-Meter, Portabelantenne

Ich packe in meinen Koffer als minimale Funkausrüstung einen modernen LiFePO4 Akku. Zum Akkukauf sollte einem Händler aus dem Inland der Vorzug gegeben werden. Hier kann man recht sicher sein, dass die Werte auch tatsächlich stimmen und die Sicherheit ernst genommen wird. Als Funkgerät kommt eines der kleinen CB-Mobilfunkzwerge mit in den Rucksack. Diese Geräte saugen wenig Strom und brauchen kaum Platz. Ein kleines SWR-Meter und das dazu passende, kurze PL-PL-Verbindungkabel werden zur Abstimmung der Antenne eingepackt. Eine portable CB-Antenne mit GFK-Teleskopmast bringt die Signale in die Luft. Etwa 10 bis 12 Meter Koaxkabel geben Flexiblität für verschiedene Aufbausituationen, hinzu kommen zwei Spanngurte, Kabelbinder und Panzertape.

Ob ein **Mobiltelefon** und eine Powerbank mit eingepackt werden sollten, beantwortet sich aus der Frage, ob das Handynetz überhaupt erreichbar ist. Bei Stromausfall wird das Handy nicht funktionieren! Von einer hoch gelegenen Position aus besteht aber eventuell die Möglichkeit, sich manuell in ein entferntes Netz einzuwählen, welches noch in Betrieb ist.

38

Amateurfunk - was bringt das?

Dem lizenzierten Funkamateur stehen viele Möglichkeiten offen, die im freien Bürgerfunk nicht erlaubt sind. Es gibt praktisch weltweit Amateurfunkrepeater auf hohen Gebäuden, Türmen und Bergen. Man kann mit einem kleinen Handgerät auf einer Frequenz zum Relais senden (Eingabe), von dort wird das Signal auf einer anderen Frequenz wieder abgestrahlt (Ausgabe). So lassen sich sogar von ungünstigen Standorten aus große Reichweiten überbrücken. Repeater gibt es auch im CB-Funk, jedoch deutlich weniger als im Amateurfunk. Die Amateurfunker betreiben mittlerweile viele dieser Stationen in eigenen digitalen Netzen. So kann man eine Funkverbindung zu einem lokalen Gateway aufnehmen und von dort aus das Signal über IP weltweit weiterleiten - und das alles mit einem kleinen Handgerät. Selbst ein eigenes GPS-Tracking-System läuft schon eine geraume Zeit (APRS) und mobile Sender senden ihre Position. Es wird Fernsehen gesendet und es werden Daten in verschiedensten Formaten per Funk übertragen. Dem Erfindertrieb sind kaum Grenzen gesetzt. Viele der Amateurfunktechniken werden auch im CB-Funk genutzt, aber natürlich nicht mit dieser Reichweite und der weltweiten Verbreitung. Einer der wichtigsten Aspekte beim Funk ist die Reichweite und da hat man im Amateurfunk erhebliche Vorteile. Funkamateure dürfen mit recht hohen Leistungen senden und spielen daher in einer anderen Liga, als die Bürgerfunkanwendungen. Abgesehen von der zulässigen Leistung ist ein viel entscheidenderer Grund für die möglichen Reichweiten in der großen Auswahl an Frequenzbereichen, die für Amateurfunk zugelassen sind, zu finden. Der Funkamateur darf auch die langen Wellen nutzen, diese werden besser von der Ionosphäre reflektiert und folgen zusätzlich der Erdkrümmung. Auch kann er auf die unterschiedlichen Bedingungen bei Tag und Nacht flexibel reagieren. Selbst im hohen Gigahertzbereich darf gesendet werden - das ermöglicht Richtfunkstrecken mit hoher Datenrate. NVIS (Near Vertical Incidence Skywave) ist eine Betriebsart, bei der die Antenne die Signale fast senkrecht Richtung Himmel sendet. Längere Wellen werden reflektiert und kommen zurück zur Erde. Auf diese Art können sogar Berge überbrückt werden. Auf CB-Funk geht NVIS leider nicht, die Wellen sind zu kurz und verheizen sich in der Ionosphäre oder landen im "Alienradio".

Krisenszenarien

Krisenszenarien - Was haben die Europäische Union, die Fuß-ball-Weltmeisterschaft und der TETRA-Digitalfunk miteinander zu tun?

Im Rahmen des Schengener Abkommens der Europäischen Union von 1990 sollte ein europaweit einheitlicher Sprech- und Datenfunk für die Behörden und Organisationen mit Sicherheitsaufgaben (BOS) eingeführt werden. Für Deutschland war die Fertigstellung des neuen digitalen TE-TRA-Netz (Trans European Trunked Radio -Terrestischer Bündelfunk) anlässlich der Fußballweltmeisterschaft 2006 angedacht. Der Termin zur Fertigstellung wurde jedoch erst auf 2010 und dann nochmal auf 2013 verschoben. Auch der endgültige Ausbau zu einem funktionsfähigen digitalen Verbundnetz konnte bis 2025 nicht vollbracht werden. Anhand der folgenden Beispielszenen soll deutlich werden, wo die Schwachstellen der neuen digitalen Funktechnik liegen.

Beispielszene 1.)

Der Baumfäller im deutschen Mittelgebirge ist in unwegsamem Terrain mit der Kettensäge unterwegs. Sein modernes Smartphone ist einsatzbereit und sicher im wasserdichten Outdoor Case verstaut. Bei seinen Fällungsarbeiten bewegt er sich unbemerkt in die Funkabschattung eines der umliegenden Berge, er befindet sich jetzt in einem Funkloch. Zwar signalisiert sein Handy ihm den Verbindungsverlust durch Piepstöne, diese bleiben aber bei der Arbeit ungehört und noch denkt der fleißige Fäller nicht an die Notwendigkeit, gleich einen lebensrettenden Notruf absetzen zu müssen. Wenige Augenblicke später ist der Fuß unseres Holzhackers unter dem gefallenen Baum eingeklemmt. Unter starken Schmerzen greift unser Mann zu seinem Handy, um schnell Hilfe herbeizurufen, doch das Display seines Smartphones zeigt „kein Netz" an. Der Verletze kann sich nur durch stundenlanges Schreien bemerkbar machen. Seit diesem Vorfall tragen die örtlichen Waldarbeiter zusätzlich zum Handy ein analoges Funkgerät bei sich.

Beispielszene 2.)

Die Internetstörung hat um 15:15 Uhr begonnen, das Aufrufen von Webseiten geht nicht mehr, E-Mails werden nicht mehr abgerufen oder versendet. Auch das Festnetz ist tot. Die heutigen Festnetztelefone sind nicht mehr an die klassische Telefonleitung angeschlossen, sondern hängen über eine IP-Adresse am Strang des Internets und sind daher im Fall einer Internetstörung ebenfalls außer Betrieb. Das Telefon bleibt komplett stumm und nicht einmal die Notrufnummer ist erreichbar. „Zum Glück gibt es ja noch das Handy", denkt sich der betroffene Bürger, um dann voller Schreck festzustellen, dass das Handy auch nicht funktioniert. Handymasten werden über IP-Adresse mit den Telefonsignalen versorgt - bei einem Internetausfall sind sie vom Datenverkehr abgeschnitten und funktionieren nicht mehr. Es ist mittlerweile 17:00 Uhr. Im Radio gab es bisher keine Meldung und das Internet ist immer noch offline. Um 17:30 Uhr klingelt es an der Tür. Es ist die Freiwillige Feuerwehr, die von Haus zu Haus läuft und die Anwohner über den Ausfall des Notrufs informiert. Es wird zu Fuß alarmiert und eine Zentrale für Notrufe in der Feuerwehrwache eingerichtet. Bürger können hier zwar einen Notruf absetzen, müssen dazu aber natürlich persönlich auf der Feuerwache erscheinen. Aber auch bei der Feuerwehrtechnik kommt es zu Problemen. Von den 20 Alarmgebern der Feuerwehrleute haben 17 keinen Alarm ausgelöst, da das Signal per Internet in den Ortskreis gelangt. Auch den modernen, digitalen Funkgeräten der Feuerwehr kommt bei diesem Einsatz keine tragende Rolle zu, denn der Versorgungsmast, der zur Funktion gebraucht wird, ist auf ein digitales Signal angewiesen. Die Wache selbst hat natürlich auch keinen direkten Kontakt zur nächsten Leitstelle, sodass ein Einsatzfahrzeug zur Weiterleitung des Notrufes auf den nächsten Berg fahren muss. Erst von dort aus ist es der Feuerwehr möglich, sich in das digitale Netz der Leitstelle direkt einzuwählen und die Nachricht abzusetzen. Glücklicherweise ist gegen 19:30 Uhr die Störung behoben und alles geht wieder. Unsere Feuerwehrleute können sich nun wieder problemlos digital vom Dienst abmelden und den Rest des Abends bei Internet und Digital-TV genießen. Wenn jetzt ein Alarm eingeht, sollten alle 20 digitalen Alarmgeber wieder sicher funktionieren und die Feuerwehr zeitnah handeln können.

Im früheren analogen Funk der Feuerwehr war das tadellose Funktionieren der Funktechnik in den Tälern bereits lange erreichter Normalzustand und die Einführung der neuen digitalen Technik führte zu einer deutlichen Verschlechterung bei der lebensrettenden BOS-Funkanbindung der Ortsteile.

Beispielszene 3.)

Die Flut kommt für Viele unerwartet. Während in weiten Teilen des Landes noch die Sonne am Himmel scheint und die Leute das schöne Wetter auskosten, bahnt sich im Westen des Landes eine Katastrophe unermesslichen Ausmaßes an. Heftige Regenfälle füllen die Stauseen, welche für die Stromversorgung der Schwerindustrie reichlich und groß ausfallen, bis über den Rand. Obwohl Meteorologen seit Tagen auf die sich anbahnende Gefahr hinweisen, schweigen sowohl Politik als auch Medien. Es trifft den ahnungslosen Bürger vollkommen ohne Vorwarnung. Wie auch schon beim letzten Warntag geschehen, so bleiben auch diesmal die Sirenen stumm und im Radio ertönen anstatt Warnmeldungen Schlager aus den 80er und 90er Jahren. Dann laufen die Dämme kaskadenartig über und eine Sturzflut aus Wasser, Schlamm und Geröll ergießt sich über die anliegenden Dörfer. Das Ganze geht so schnell, dass kaum Zeit bleibt, um das eigene Leben zu retten. Binnen Minuten sind Kellerräume zu tödlichen Fallen geworden und ganze Landstriche gleichen einem Schlachtfeld im Schlamm. Viele Betroffene suchen Schutz auf den Dächern der Häuser und hoffen, dort von Helfern gerettet zu werden. Doch vielerorts bleibt die Hilfe aus. Neben dem unsäglichen Warn-Versagen von Politik und Medien macht ein Totalausfall von Strom und Internet jegliche Kommunikation unmöglich. Die meisten der Masten für Mobilfunk sind buchstäblich ins Wasser gefallen, genau so wie die digitale Funktechnik der BOS (Behörden und Organisationen mit Sicherheitsaufgaben, Feuerwehr, Polizei, Rettungsdienst, THW, DLRG, DRK). Zur Sicherheit wird in den betroffenen Gebieten zusätzlich der Strom abgestellt, denn Wasser und Strom sind ja bekanntlich eine lebensgefährliche Kombination. So bleibt vielen Opfern der Flut nur eines: Warten! Und das Warten soll lange dauern, denn auch über eine Woche nach der Katastrophe sind noch immer viele Betroffene ohne Versorgung. Der Außenkontakt ist weiterhin komplett abgeschnitten und die Opfer sind in den Wassermassen auf sich selbst gestellt. Besonders tragisch ist, dass viele Dörfer aufgrund mangelnder Organisation nicht auf Überlebende abgesucht werden, obwohl Ersthelfer nur wenige hundert Meter entfernt schon aktiv dabei sind Menschen zu retten. Im Nachhinein sind sich sowohl rettende Profis als auch private Helfer einig darüber, dass analoge Funktechnik sicher besser funktioniert und geholfen hätte. Leider hatten in den betroffenen Regionen keine Privatpersonen die entsprechende Funkausrüstung zur Hand und die digitale Technik der Behörden lag abgesoffen in den Fluten. Zusätzlich zu den verheerenden Folgen der Flut litten die Betroffenen - sowohl Opfer als auch Helfer - unter dem Kommunikationsausfall auf ganzer Linie.

Beispielszene 4.)
Zwei Feuerwehrleute dringen in das brennende Gebäude ein, um nach eingeschlossenen Menschen zu suchen. Über den recht neu eingeführten digitalen Funk halten sie sowohl untereinander als auch mit dem Einsatzleiter Kontakt. Plötzlich stürzt eine Decke ein und einer der Männer wird von seinem Team getrennt und vom Feuer eingeschlossen. Er versucht, über sein digitales Funkgerät Kontakt zu seinen Kameraden aufzunehmen, jedoch ohne Erfolg. Obwohl seine Kollegen nur wenige Meter räumlich von ihm entfernt sind, bleiben seine digitalen Funkrufe ungehört. Das Funksignal seines Handfunkgerätes muss erst eine Verbindung zum lokalen Funkmast aufbauen, um von dort zur Verarbeitung weitergeleitet zu werden. Die Verarbeitung erfolgt im zentralen Rechenzentrum und der Verbindungsaufbau wird dann wieder zum lokalen Sendemast geleitet. Erst danach erfolgt die eigentliche Verbindung zum Funkgerät des Kollegen. Zwischen den Funkgeräten liegt also eine viel längere Funkwegstrecke, als der tatsächliche räumliche Abstand der Geräte untereinander beträgt. Wird nun der Funkweg zum nächsten Mast beeinträchtigt, in diesem Fall durch das Gebäude, kann auch bei Quasi-Sichtkontakt keine digitale Funkverbindung zu Stande kommen. Viele lokale Feuerwehrstationen haben als Folge dieses Vorfalls wieder analoge Funktechnik als Alternative für bestimmte Einsätze im Gepäck.

Beispielszene 5.)
Der Blackout betrifft nicht nur die Bürgerkommunikation, sondern in bedenklichem Umfang auch die digitale Infrastruktur der BOS und bei weiterem Ausbau der geplanten digitalen Vernetzung, auch militärische Kommunikationszweige. Viele dieser Systeme arbeiten zusammengeschaltet in einem Netzwerk und stehen in Abhängigkeit zueinander. Die Verbindungen werden nicht direkt zwischen den Gesprächspartnern aufgebaut, sondern legen einen oft sehr langen Weg über digitale Bahnen

zurück, bis eine Verbindung steht. Alle diese Knotenpunkte müssen mit reichlich Strom versorgt werden, damit die Nachrichten weitergeleitet werden können. Fällt ein wichtiger Knotenpunkt im Netzwerk aus, kann das den Ausfall des ganzen Netzes nach sich ziehen. Um eine ausreichende Netzabdeckung im digitalen BOS-Funk sicherzustellen, werden im ganzen Land tausende zusätzliche Funkmasten eingesetzt. Diese funktionieren nur mit ausreichender Stromzufuhr. Bricht die Zufuhr aus dem Stromnetz zusammen, schalten diese Anlagen auf Notstrombetrieb um. Die Notstromversorgung erfolgt über Speicherakkus und liefert den zur Überbrückung notwendigen Strom für den Betrieberhalt. Die Laufzeit dieser Akkus ist in der Regel ausreichend für 2 bis 24 Stunden Notbetrieb. Erfolgt in diesem Zeitraum keine Wiederherstellung der Versorgung durch das Stromnetz, sind die Akkus leer und der Betrieb fällt aus. Die Folge in einem digitalen Funknetz wäre der Zusammenbruch der Kommunikation. Dies stellt im Fall der BOS sicherlich ein nicht verantwortbares Risiko dar, ist jedoch unsere „digitale Realität". Natürlich kann man kritische Netzwerkstationen auch über einen Notstromgenerator betreiben - die Zahl der kritischen Punkte in solch einem System übertrifft aber deutlich die Kapazität an vorhandenen Generatoren. Auch müssten diese dann für den Zeitraum des Notstrombetriebes betankt und überwacht werden. Von offizieller Seite wurde nicht für einen länger andauernden Blackout-Zustand vorgesorgt. Somit fällt ein großer Teil der BOS-Kommunikation schon innerhalb kurzer Zeit aus. Rettungskräfte werden nicht alarmiert, Einsatzbefehle verhallen im Nichts. Natürlich gibt es Backup-Systeme, die dann zum Einsatz kommen. So hat das THW (Technisches Hilfswerk) zum Beispiel eine Reihe Funkwagen, die autark in Betrieb gehen können. Auch das Militär und sogar Handyanbieter verfügen über portable Notfunkmöglichkeiten, aber diese sind entweder nur auf kleine Teilnehmerkreise beschränkt oder brauchen eine gewisse Anlaufzeit zum Aufbau.Ein Ersatz für die notwendigen lokalen Abwicklungen von Feuerwehr, Polizei und Rettungsdiensten sind solche übergeordneten Notfunknetze jedoch nicht.

Beispielszene 6.)
„Der Chip war immer der Mörder", so könnte in naher Zukunft der Tatverdacht lauten. Längst haben weiterverarbeitende Firmen die Kon-

trolle darüber verloren, was sie so alles an Microchips in ihren Geräten verbauen. Die Entwicklung neuer Chiptechnologie erfolgt nicht mehr in den Denkstätten einheimischer Betriebe, sondern im fernen Ausland. Diese neuartigen Chips können oft mehr, als der Kunde aus Europa verlangt. Viele dieser Chipserien kommen vom gleichen Fließband und unterscheiden sich nur in ihrer Fehlerhaftigkeit bei der Endkontrolle. Chips, die den vollen Funktions-Check bestehen, werden als teure High-End-Ware in aufwendigen und kostspieligen Anwendungen weiterverarbeitet. Chips mit eingeschränkter Funktion werden umgelabelt und kommen billiger auf den Markt. Es ist für die Hersteller günstiger, wenige Chipmodelle mit vielen Funktionen herzustellen, als viele verschiedene Chipmodelle mit wenigen Funktionen. Durch Beschuss mit einem Laserstrahl können Chips auch nachträglich in ihrem Funktionsumfang wieder beschnitten werden. In modernen Geräten kommen viele dieser Chips zusammen und werden durch eine entsprechende Software zum Leben erweckt. Freut sich der private Endnutzer vielleicht noch über eine unerwartete Mehrfunktion an seinem Handy, ist ein unerwarteter Hack bei sicherheitsrelevanten Anwendungen kein Grund zur Freude. Solche, durch die Hardware verursachten, Hintertüren sind permanent im System integriert und können oft auch durch ein Softwareupdate nicht geschlossen werden, ohne dabei gleich die Funktion des ganzen Gerätes einzuschränken.

Die Kontrolle über das, was die Geräte können und machen, liegt zunehmend nicht mehr in der Hand von Herstellern und Endnutzern, sondern in der Hand weniger Planer, die den möglichen Funktionsumfang noch überschauen. Der Mord per Microchip ist durch diese Entwicklung wesentlich näher gerückt und macht unsere Gesellschaft nicht nur abhängig, sondern auch verwund- und erpressbar. Das Modell, bei dem Virus und Viruskiller aus der gleichen Schmiede kommen, ist alt bekannt und stets wieder aktuell.

Beispielszene 7.)

Das Erdbeben bringt nicht nur die Erde zum Beben, sondern auch die darauf befindliche Funkinfrastruktur. Viele der modernen, digitalen Funkanwendungen werden über Richtfunkstrecken abgewickelt, ein Teil davon sogar über Satelliten. Wie es der Name schon sagt, senden und empfangen solche Anlagen in und aus einer angezielten Richtung. Verdreht sich nun eine Antenne in Folge eines Bebens aus dem optimalen Funkfenster, bricht daraufhin das Signal ab. Bei Satellitenverbindungen reicht schon eine Abweichung um wenige Grad aus, um die Richtfunkstrecke zu unterbrechen. Richtfunkstrecken kommen immer dort zum Einsatz, wo die Verbindung per Kabel zu teuer ist oder große Strecken per Satellit überbrückt werden sollen. So werden Kraftwerke ferngesteuert, Schiffe und Flugzeuge koordiniert oder Industrieanlagen fernüberwacht. Ausfallende Funkstrecken können zu fatalen Folgen führen. Kommt dann noch ein Stromausfall an einem wichtigen Knotenpunkt hinzu, könnte das ein komplettes Verbundnetzwerk lahm legen.

Die menschliche Komponente 8.)
Die Allmacht derer, „die am Knopf sitzen", wird in zentral gesteuerten Netzwerken konzentriert. Anders als im direkten Funkkontakt von Gerät zu Gerät laufen die Signale in digitalen Zellularnetzwerken über einen Hauptrechner an einem Ort X zusammen. Dieser Ort X kann weit abseits vom eigentlichen Geschehen liegen, aber alle Signale müssen ihn erst durchlaufen, um dann von dort weiter gerouted zu werden. Gelangt nun ein solcher zentraler Ort X unter die Kontrolle politischer Kräfte, könnten unwiderrufliche Befehle ausgesendet werden, ohne dass diese gewissenhaft von weiteren Zwischeninstanzen geprüft werden konnten. Die Kriegsgeschichte zeigt eindrücklich, dass genug Truppen den Einsatzbefehl noch empfangen konnten, aber den Friedensbefehl verpasst haben. Auch konnte schon manch ein schwerwiegender militärischer Befehl noch durch dazwischen geschalteten Menschenverstand verweigert werden, um so ganze Kriege und deren Folgen zu verhindern.

Durch die digitalen Netzwerke können heute Befehlsketten drastisch verkürzt werden und somit Zwischenschritte komplett übersprungen werden. Der Befehl geht nur durch wenige Hände und landet dann ungefiltert bei den Empfängern auf unterster Ebene. Ein tödlicher Befehl erscheint formlos als Kurznachricht bei den Einsatzkräften auf dem Display.

Warum auch heute noch analoge Funkgeräte sinnvoll sind

Anders als bei den digitalen Netzen für Handy und Behördenfunk (BOS), wird die Verbindung auf den für Bürgerfunk freigegebenen Frequenzen direkt und analog zwischen den Geräten hergestellt. In den heute gebräuchlichen digitalen Funknetzwerken müssen sich die Teilnehmer erst in einer Funkzelle einloggen, die von einem Sendemast versorgt wird. Von dort wird dann die Verbindung zum Gesprächspartner aufgebaut. Befindet sich ein Gesprächspartner nicht in der Funkabdeckung eines Sendemastes, ist kein Gespräch möglich.

Praktisch alle digitalen Funknetze weisen Versorgungslücken auf, also Gebiete, in denen kein Empfang möglich ist. Für viel Geld werden daher immer mehr zusätzliche Masten in den Funkzellen aufgestellt, jedoch mit mangelndem Erfolg. Selbst viele Jahre nach dem Startschuss für den digitalen Funk von Feuerwehr, Polizei, Rettungsdiensten und Verkehrsunternehmen sind immer noch viele Gebiete nicht sicher abgedeckt. So kommt es vor, dass Beamte in Sichtweite stehen, aber keinen Kontakt miteinander aufnehmen können. Der Grund dafür ist, dass einer der Beamten in einer Abschattung zum Funkmast steht. Viele Beamte greifen in so einem Fall zu ihrem privaten Handy und rufen den Kollegen damit an. Das funktioniert meistens, weil die Handynetzbetreiber als profitorientierte Unternehmen bemüht sind, ihren Kunden ein gut ausgebautes Netz anzubieten. Die TETRA-BOS-Netze werden durch Steuergelder finanziert. Der Ausbau geht schleppend voran und die verwendete Technik ist schon jetzt überaltert. Auch braucht jeder Mast eine gute Stromversorgung, denn der Leistungshunger der neuen Technik ist immens. Wenn einer dieser Masten nicht mehr mit Strom versorgt wird oder einen Defekt hat, ist die ganze Zelle ohne Funkkontakt. In vielen Gebieten ist die digitale Funklage immer noch derart dramatisch schlecht, dass Gemeindefeuerwehren sogar alte Analogtechnik auf Ebay zurückkaufen, die sie während der Umstellung auf Digitalfunk zur Aufbesserung der Kaffeekasse versteigert hatten.

Was können die "alten" analogen Geräte denn nun besser als die neue "High Tech"? Ganz einfach: Sie können aus eigener Kraft direkt miteinander kommunizieren! Die Sendetaste wird gedrückt und alle Stationen in Reichweite des Senders können die Aussendung sofort hören. Das Signal muss nicht den Umweg zum zentralen Sendemast nehmen, sondern landet direkt an den Antennen der Gegenstationen. Natürlich kann auch das analoge Signal durch ein Hindernis blockiert werden - ein zentraler Funkmast mit guter Lage würde das Problem dann lösen. Daher gab es auch im alten Analogfunk der Behörden sogenannte Relaisstationen auf hohen Masten, Hochhäusern oder Bergen, die Signale weiterleiten konnten.

Durch Softwareupdates und den weiteren Einkauf von teuren Funkgeräten wurde auf das Manko des neuen BOS-Funks von Behördenseite reagiert. Die digitalen Funkgeräte wurden mit der Möglichkeit zum direkten Verbindungsaufbau und der Funktion als Repeater versehen (Direct Mode, Repeater/Gateway). Trotzdem vertrauen viele Einsatzkräfte weiterhin auf ihr Handy oder führen ein zusätzliches analoges Funkgerät mit sich, da das ganze digtale BOS-Netz immer noch nicht sicher funktioniert. Eine ähnliche Problematik betrifft auch den digitalen Bahnfunk.

Beispiel 1.):
A.) Das analog per Funk übertragene Wort "Hilfe!" wird auch bei sehr schlechter Funkverbindung, spätestens nach Wiederholung "Hilfe, Hilfe!", verstanden. (mayday, mayday, Alarm im Cockpit)
B.) Wird das gleiche Wort "Hilfe" nun digital gesendet und das Signal ist stark gestört, kann es nicht digital ausgewertet werden. In diesem Fall kommt dann aus dem Lautsprecher überhaupt kein Ton!

Viele Beamten bevorzugen deshalb immer noch Variante A.)

Beispiel 2.):
A.) Der Startschuss zu einem Rennen wird per Analogfunk zum Zielort übertragen. Diese Übertragung findet mit Lichtgeschwindigkeit statt. Im Ziel wird daraufhin die Stoppuhr gestartet, bei Zieleinlauf gestoppt und die Zeit abgelesen.
B.) Der Startschuss wird in einem digitalen Netz übertragen. Er wird im Funkgerät in ein digitales Format gewandelt und dann in Übertragungspulse gewandelt. Diese werden zum Sendemast der Zelle übertragen und

dort wieder in ein digitales Format gewandelt, um dann als Pulsfolge zum Ziel gesendet zu werden. Im Ziel werden die Pulse wieder in ein digitales Format gewandelt und dann als hörbarer Schuss-Ton dekodiert. Die Zielstoppuhr wird gestartet, bei Zieleinlauf gestoppt und abgelesen.

Fazit: B.) wird das Rennen gewinnen, die Wandlung erzeugt Latenz (Zeitverzug). Die Stoppuhr im Ziel wird erst mit der entstandenen Latenz gestartet, beim Zieleinlauf aber analog und zeitrichtig angehalten. Für B.) ergibt sich eine zu kurze Streckenzeit, die Latenz müßte addiert werden.

Beispiel 3.):
A.) Ein Fußballspiel wird live und analog per Funk übertragen. Es fällt ein Schuss und sowohl die Zuschauer im Stadion als auch die Zuschauer an den TV Geräten schreien "TOR!"
B.) Das Spiel wird komplett digital übertragen. Dazu wird es mehrfach gewandelt, um dann am TV-Gerät sichtbar zu werden. Das erzeugt eine Latenz. Im Stadion geht das Spiel längst weiter und der Ausgleichstreffer droht bereits zu fallen. Die Zuschauer am TV schreien aber gerade erst "TOR!"

Ein modernes, digitales TV-Live-Signal ist durch die mehrfachen Wandlungen wesentlich länger unterwegs, bis es bei den Zuschauern ankommt - also „live mit Latenz".

Funknetzwerke
Handys und BOS-Funkgeräte müssen sich zum Verbindungsaufbau in ein Netz einloggen. Jedes Gerät hat eine eigene, digitale Kennung und bekommt von der Basisstation eine Adresse im digitalen Netz zugewiesen. Über jeden Teilnehmer wird Buch geführt. Kennung, Protokolladresse und aktuelle Funkzelle sind Grunddaten zur Weiterverarbeitung. Im BOS-Funk soll nach offiziellen Angaben durch Standortsicherheit jedoch eine Rückverfolgung nur bis zum nächsten Funkknotenpunkt möglich sein...?
Analoge Funkgeräte benötigen kein Netzwerk und senden ihre Signale im direkten Kontakt. Mit Ausnahme von digitalen Modulationsverfahren gibt es beim analogen Funk keine digitale Kennung oder zugewiesene

Protokolladresse. Erst durch Nennung des Rufzeichens oder Sendung einer Kennungssequenz ist der Rufteilnehmer bekannt. Seinen Standort muss er selbst mitteilen oder er müsste durch Kreuzpeilung ermittelt werden.

Abhörsicherheit

Würde der Funker seine Stimme verstellen, könnte er sich relativ anonym halten. Natürlich sind die rein analogen Funkübertragungen am leichtesten abzuhören, aber praktisch gesehen ist man sowiso nur mit neuester Militärtechnik zu 90% abhörsicher. Auf das Gesagte ist also immer zu achten. Wer mit seinem CB-, PMR- oder Freenetfunkgerät funkt ist an keiner Stelle angemeldet, sein Standort und Name sind nicht bekannt. Er kann abgehört werden, ist aber nicht automatisch mit allen Daten erfasst. Das kann in bestimmten Situationen ein Vorteil gegenüber der Handynutzung sein. Insbesondere wenn man nicht will, dass Nutzer- und Bewegungsprofile mit Name und Position wie beim Handy erstellt werden. Analoger Funk kann nicht nur leicht abgehört werden, er kann auch zur Beweissicherung aufgezeichnet werden. Dies passiert immer örtlich begrenzt, die aufzeichnende Station muss sich im Funkradius befinden. Bei Gesprächen über das Mobilfunknetz hingegen werden automatisch Sprachaufzeichnungen auf Vorrat erstellt. Im Verdachtsfall kann dann darauf zurückgegriffen werden. Die Datenerfassung kann fernab erfolgen, da die Signale bereits digital vorliegen und per IP zum Rechenzentrum weitergeleitet werden. Um solch eine lückenlose Überwachung auf Analogfunk durchzuführen, muss bereits ein Verdacht gegen die funkende "Person" vorliegen.

Die analogen Funkfrequenzen werden von staatlicher Seite abgehört. Die Abhörposten sind oft auf Gebäuden des Fernmeldewesens zu finden oder auch in Funktürmen untergebracht. Unterstützt werden die Lauscher durch mobile Funküberwachungsfahrzeuge. Diese können dann vor Ort Störungen auf den Grund gehen oder verdächtige Aussendungen anpeilen.

Die staatlichen Lauschposten hören natürlich mit sehr spitzen Ohren, aber sie hören nicht alles und sie sind nicht überall.

Begrenzte Reichweite als Vorteil

Die Reichweite von frei erhältlichen Funkgeräte ist zwar begrenzt, aber dafür kann man selbst Einfluss auf den möglichen Funkradius nehmen. Unterhalten sich zwei Funker mit ihren Handfunkgeräten, wird das Signal nur eine kleine Reichweite haben. Ist der nächste Lauschposten zu weit weg, gilt das Gespräch von staatlicher Seite als ungeschehen! Was nicht empfangen wurde, kann auch nicht ausgewertet werden. Daher ist es manchmal sinnvoll, die eigene Aussendung nicht auf maximale Reichweite auszulegen, sondern nur so stark zu senden, dass die Gegenstation noch etwas hört. Viele Geräte bieten die Möglichkeit, die Sendeleistung herabzusetzen. Das verringert nicht nur die Reichweite, sondern als netten Nebeneffekt auch den Stromverbrauch.

Stromverbrauch und Stromversorgung

Stromverbrauch entsteht bei analogen Funkgeräten nur in den Geräten selbst. Beim Senden wird meist deutlich mehr verbraucht als beim Empfang. Wird nicht gesendet, sinkt der Stromverbrauch bei den analogen Funkstationen. Beim Digitalfunk muss eine Dauerverbindung zum Sendemast bestehen, auch, wenn niemand spricht. Das bedeutet, dass der Sendemast und oft auch Teilnehmergeräte ständig senden und empfangen. Es ist also mit dem Sendemast nicht nur ein Stromverbraucher mehr zu versorgen, sondern der gesamte Energiebedarf ist höher, insbesondere bei der veralteten BOS-TETRA-Technik.

So ist es nicht verwunderlich, dass ein frei erhältliches PMR-Funkgerät eine wesentlich längere Akkulaufzeit hat als ein digitales Profi-Funkgerät der BOS. Ist bei einem CB- oder PMR-Gerät der Akku verbraucht, wird einfach der Ersatzakku eingeschoben und es kann weiter gefunkt werden. Es ist dann immer nur diejenige Station vom Funkverkehr abgeschnitten, die gerade keinen frischen Akku am Start hat. Da beim anlogen Funk keine leistungshungrigen Basisstationen versorgt werden müssen, kann der Strombedarf oft vollkommen durch Solarzellen mit Pufferakkus gedeckt werden. Auch die analogen Repeaterstationen sind genügsam im Verbrauch und können problemlos autark betrieben werden. Fällt der Strom aus, fallen auch digitale Funknetze in den Notfallmodus. Hier kommen wieder Solarzellen und Pufferakkus zur Überbrückung zum Einsatz. Die Masten des digitalgen Funknetzes sind aber dadurch längst nicht autark, denn sie verbrauchen wesentlich mehr Strom, als durch Solarzellen nachgeladen wird. Als Folge sind die Akkus der BOS-Funkmasten innerhalb von 2 bis 24 Stunden verbraucht und das Netz fällt aus. Nur Stromerzeuger an jedem Funkmast können dann den Betrieb wieder herstellen. Eine Logistik für die Notversorgung von Funkmasten ist aber nur sehr begrenzt vorgesehen. Der TETRA-BOS-Funk ist also absolut nicht krisensicher. Ein Hauptgrund für den hohen Energiebedarf ist die benötigte Rechenleistung schon an den Funkmasten. Diese übernehmen aber längst nicht alle zum digitalen Funken notwendigen Rechenaufgaben, denn die Daten werden zur Bearbeitung in ein Rechenzentrum weitergeleitet. Das kostet zusätzlichen Strom und öffnet einen Schwachpunkt im Netz. Viele der Funkmasten sind über IP mit dem Rechenzentrum verbunden, also praktisch durch einen geschützten Internettunnel. Fällt nun der Strom aus oder bricht ein Hacker in einen Zentralrechner ein, kann das zum Netzausfall führen.

Absichtliche Störung des analogen Funkverkehrs - Jamming
Auch analoge Funkverbindungen können gestört werden. Hier gilt aber das Gleiche wie beim Abhören: Der Störer muss sich in örtlicher Nähe zu den Personen befinden, die er stören will. In Zeiten der allgemeinen Krise werden - von oberster Ebene angeordnet - die Frequenzen der Funkamateuren gestört. Funkamateure könnten mit ihren Anlagen Nachrichten mit anderen Ländern austauschen und das ist nicht immer gerne gesehen, insbesondere dann nicht, wenn von oberster Stelle gerade politische Desinformation über die öffentlichen Medien verbreitet wird. So berichten brasilianische Amateurfunker von massivem Einsatz von „Jammern" auf den Amateurfunkfrequenzen und sehen einen Zusammenhang mit der Politik.
Um den gesamten privaten analogen Funkverkehr in einem Land lahmzulegen, bedarf es großer Sendemasten mit hoher Sendeleistung. In Deutschland wurde aber in den Jahren 2015 bis 2025 ein Großteil der starken Sendeanlagen abgerissen. Jetzt könnte vor allem noch durch das Militär gejammed werden, da das Stören und Belauschen von Feindfrequenzen zum Handwerk gehört, seit im Krieg gefunkt wird. Das staatlich angeordnete Jammen hat die brasilianischen Funker allerdings nicht davon abgehalten, weiter zu funken. Sie haben mit Auftreten der Störung

ihre Rufzeichen verändert und knapp unterhalb der gestörten Frequenz weiter gesendet. Die Nachricht über das Jammen in Brasilien wurde in Windeseile per Funk in alle Welt weitergetragen, auf einigen Funkwebseiten wurde ebenfalls darüber berichtet. In den öffentlichen Medien wurde jedoch von der Einschränkung des privaten Funks nichts erwähnt. Anders sieht die Sache mit unseren Handy- und BOS-Behördenfunknetzen aus. Hier kann per Knopfdruck ein einzelner Teilnehmer gesperrt, eine ganze Funkzelle deaktiviert oder das komplette Funknetz zentral ausgeschaltet werden. Dies kann entweder durch politische Motivation, durch einen Hackerangriff oder durch einen flächendeckenden Stromausfall erfolgen. Die eigentliche Funkstörung durch Jamming ist hier nicht mehr so vordergründig, aber weiterhin möglich.

Die Zukunft für den TETRA-BOS-Funk und ihre Kosten

Natürlich werden digitale Netzwerke generell leistungsfähiger, sparsamer und bieten viele Zusatzfunktionen, welche im analogen Funk nicht möglich sind. Doch der aktuelle Zustand vom TETRA-Netz unserer Behörden wird selbst von Fachkreisen beschrieben mit: *"Veraltete Digitaltechnik, hoher Energiebedarf, schlechte Abdeckung und sehr viele Verbindungsprobleme"*. Zusätzlich gibt es Probleme zwischen alten und neuen Geräten, zwischen Geräten mit unterschiedlichen Softwareversionen, zwischen Geräten unterschiedlicher Hersteller und bei der notwendigen Programmierung vor Ort beim Einsatz. Fallen im Direktbetrieb Master oder Master-Repeater aus oder geraten außer Reichweite der Teilnehmer, wird immer wieder von Problemen mit der Wiedersynchronisation untereinander berichtet. Der digitale Direktfunk zwischen den Geräten fällt dann natürlich aus.

Die TETRA-Software, die zum Betrieb auf den Funkgeräten läuft, unterliegt Lizenzbedingungen und jedes Update kostet zusätzliches Geld. Durch die vielen Probleme im praktischen Betrieb ist eine Unzahl solcher kostenpflichtiger Updates notwendig, um den Anforderungen gerecht zu werden. Da es jedoch viele Gerätemodelle und mehrere Gerätehersteller gibt, sind hier regelmäßig umfangreiche finanzielle Aufwendungen für flächendeckende Updates notwendig. Praktisch mit jedem Update werden nicht nur gravierende Fehler behoben, sondern es kommen oft neue Probleme dazu. Insbesondere die älteren Modelle rutschen durch Inkompatiblitäten, oft schneller als gedacht, auf das Abstellgleis. Aber nicht nur die Updates sind für ein vorzeitiges Dienstende als Elektroschrott verantwortlich, sondern auch die begrenzte Haltbarkeit der Geräte. Viele der alten, anologen Geräte hingegen sind seit den 70er Jahren bis heute im Einsatz. Die Technik ist bekannt und alles lässt sich reparieren. Die neuen TETRA-Geräte dagegen sind nach einem unglücklichen Sturz bereits kaputt und landen auf dem Sondermüll.

TETRA-BOS-Funk in der Presse

Es ist es nicht verwunderlich, dass auch die Presse widersprüchlich über die TETRA-Thematik berichtet. Die Technik wird weiterhin von der Regierung gelobt, die Vorteile angepriesen und der Ausbau in ganz Europa als Ziel gesetzt. Für Inlandseinsätze soll sogar die Bundeswehr an TETRA angebunden werden. Viele Presseartikel berichten aber von den ständigen Ausfällen und den daraus entstehenden Gefahrensituationen. Es gibt sogar Berichte über Landkreise, die TETRA komplett ablehnen und die Finazierung lieber zum Erhalt von analoger Technik umleiten wollen. Für ein so wichtiges Projekt wie die Behördenkommunikation ist die mangelnde Transparenz der Politik, neben der mangelhaften Funktion, leider das bedeutenste Hauptmerkmal. TETRA gilt seit 2021 als gehackt.

Bild: vereinfachte Darstellung eines digitalen Funknetzwerkes

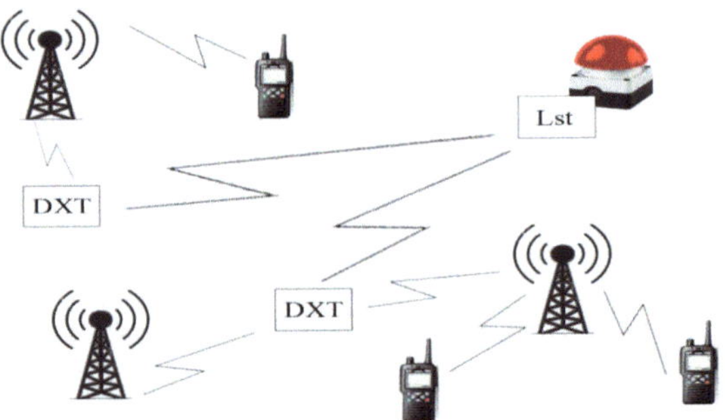

Der Verbindungsaufbau in einem digitalen Funknetzwerk erfolgt nicht direkt zwischen den einzelnen Funkgeräten, sondern wird über den lokalen Sendemast und einen Knotenpunkt zur Berechnung hergestellt. In den Mobilfunknetzen für Handy ist ein Direktkontakt nicht vorgesehen. Nach entsprechender Programmierung sind BOS-Geräte in der Lage, auch ohne Sendemast und DXT auszukommen. Aber auch hier muss dann ein Gerät die Rolle des MASTERs haben und die anderen Geräte müssen als SLAVE arbeiten. Ist der Master nicht erreichbar, ensteht keine Verbindung.

"Hör mal" wer in der Krise funkt - *kritische Betrachtung*

BOS - Behörden und **O**rganisationen mit **S**icherheitsaufgaben
Wenn in einem Krisenfall gefunkt wird, dann von den BOS, so könnte man meinen. Der BOS-Funk hat oberste Priorität bei der Kommunikation im Ernstfall. Es geht ja oft um Leben und Tod der Bürger. Unverständlich bleibt hier die Frage: Warum wird aus dem ganzen Land von heftigsten Problemen mit der neuen, total veralteten Technik berichtet, während von offizieller Seite diese Funkleiche weiter gelobt und teuer ausgebaut wird? Kommt wirklich ein Blackout, ist bei den BOS spätestens nach 48 Stunden digitale Funkstille. Der digitale BOS-Funk zeigte sich bisher mehr selbst als Krise, anstatt krisensicher Funkverbindungen zu ermöglichen. TETRA ist ein teures Steuergeldgrab und der Bürger zahlt für das Versagen - wie so oft. Bei den Überflutungen im Westen Deutschlands lagen die BOS-Funkmasten neben denen der Handyanbieter im Schlamm und es herrschte Funkstille.

THW

Stolz präsentieren die Jungs vom THW ihren Funkwagen. Diese Funkwagen sind oft geländegängige LKWs mit einer kompletten Funkzentrale an Bord. Von hier aus lassen sich Verbindungen in das ganze Land und darüber hinaus herstellen. Auch Bilder und Fax-Nachrichten können vom Mobil versendet werden. Auf die Frage hin, ob es genug solcher Wagen im Land gibt, um in einer Krisensituation die Kommunikation zu retten, wird man auf die hohen Kosten und den Mangel an interessiertem Nachwuchs verwiesen. Dass die Antwort nicht zukunftsträchtiger ausfällt, dafür können die Jungs vom THW nichts. Schließlich sind sie stets bemüht, einen guten Job für die Bürger ihres Landes und selbstverständlich auch im Ausland zu machen.

Bundeswehr

Liest man davon, dass die Bundeswehr für ihr neues Kriegsgebiet, "Einsatz im Inland" nun auch an das TETRA-Netz der BOS angeschlossen werden soll, stellt sich einem unwillkürlich die Frage: Soll die Bundeswehr von der Kommunikation abgeschnitten werden oder geht es hier um verkürzte Befehlsketten mit Machtkonzentration an zentraler Stelle?

Amateurfunk

Um am Amateurfunkdienst teilzunehmen, muss man Prüfungen ablegen. Nach erfolgreicher Erlangung einer Amateurfunklizenz eröffnet sich dem geprüften Funker eine große Spielwiese an funktechnischen Möglichkeiten. Auch für den Krisenfall sind Notfunkgruppen im ganzen Land dabei, sich für den Ernst der Lage zu rüsten. Das alles passiert auf freiwilliger Basis und die Technik wird selbst finanziert. Durch den Erfindungsgeist der Funker kann man Amateurfunk als recht flexibel bezeichnen. In der möglichen Flexibilität liegt ein großer Vorteil, wenn andere Dienste versagen. Der findige Funker findet immer einen Weg um den Funk zum Laufen zu bringen. Apropos Laufen - dem großen deutschen Dachverband der Amateurfunker laufen die Mitglieder weg und Nachwuchs gibt es nur wenig. Zu alt, zu dogmatisch, zu intransparent, so lauten die Vorwürfe gegen die grauen Herren auf oberster Ebene. Die Notfunkbestrebungen der Amateure in allen Ehren, aber Notfunk ist auch ein Sammelbecken für Wichtigtuer und Möchtegernpolizisten. So wurden schon Bilder im Internet gezeigt, die den Einsatzwagen eines Funkamateurs mit voller Blaulichtausstattung zeigten, was leider kein Einzelfall zu sein scheint. Hier herrscht dann offensichtlich eine Mentalität vor, wie damals bei den CB-Funk-Pannenhelferclubs, die die Pannenhilfe als Vorwand nutzten, um mit besseren Geräten funken zu dürfen und ihr Auto mit gelben Blinklampen zu zieren. Da kommt man sich dann endlich mal wichtig vor. Dieses Vorurteil wird leider regelmäßig bestätigt und somit wiederbelebt. Trotzdem sollte man niemals den Einsatzwillen und die Erfindungskraft der Funker unterschätzen. In vielen Krisensituationen waren die Funkamateure die Ersten, die Verbindung hatten.

Bürgerfunk (in der Krise)

"Hätte ich bloß nicht mein ganzes Funkzeugs verscherbelt", stand nach der Flutkatastrophe in einer Funkergruppe @Facebook. Immerhin konnten die freiwilligen Helfer, die aus dem ganzen Land anrückten, vor dem Start in das Krisengebiet über Messengergruppen Funkgeräte sammeln. Auf den legalen Frequenzen (PMR) wäre also Kontakt zu Hilfstruppen möglich gewesen. Reden Bürger ohne "Darfschein" von Notfunk, werden sie von dem o. g. Funkdienst oft müde belächelt, daher bleibt dem Bürger nur "das Funken in der Not". Besser mit, als ohne Funk!

Fast schon ein eigenständiges Hobby ist der **Bau von Funk- und Notfunkkisten oder -koffern**. Darin finden Geräte für verschiedene Frequenzen Platz. Ein eingebauter Akku ermöglicht autarken Betrieb.

Hilfe, mein Weltempfänger ist kaputt!

Hat man als krisenfester Bürger einen Weltempfänger eingelagert und packt das gute Stück für einen Empfangstest aus, gibt es für manchen SWL (short wave listener) eine stille Überraschung: Der Empfänger bleibt bis auf ein Rauschen stumm. Bei alten Geräten können die Elkos auslaufen und Reperaturen werden nötig. Nicht zu reparieren ist hingegen der Umstand, dass seit 2015 Sendemasten im großen Stil gefällt werden. Damit fallen bedeutende Teile des deutschsprachigen Kurz-, Mittel- und Langwellen-Hörfunkprogramms flach. Auch insgesamt ist es ruhig auf den KW-Rundfunkbändern geworden. Das ist sehr traurig, weil es nicht nur um Unterhaltung geht, sondern manchmal auch um lebenswichtige Informationen. Das Versagen bei der Warnung der Bürger über Rundfunk wurde schon bei der letzten Flutkatastrophe bestens geübt. Anstatt zu warnen, gab es Musik aus den 80er und 90er Jahren in UKW-Stereo. Hierbei kommen die Signale oft nicht mal mehr direkt vom Sender, sondern werden von den Zuspielern über Internettunnel zum UKW-Sender geschickt (früher Standleitung).

Damit "Schließen Sie Fenster und Türen und schalten Sie das Radio an!" flächendeckend ankommt, sollten Warndurchsagen von leistungsstarken KW-, MW- und Langwellensendern übertragen werden. Dabei sollte ein krisenfester Betrieb mit hoher Reichweite gesichert sein.

Rundfunkempfänger von 1986

Modulationsarten im Funk

Es gibt im Funk verschieden Verfahren, um das gesprochene Wort mit der Aussendung zu übertragen. Ohne zu tief in Details zu gehen, sollte der Schalter für Modulationsarten am Funkgerät in seiner Funktion bekannt sein. Steht der Schalter in der falschen Stellung, werden Stimmen nicht sauber wiedergegeben. Sie klingen stark verzerrt oder nach MickyMouse. Eine Gegenstation kann dann vom eigenen gesendeten Signal nichts verstehen!

AM: Die älteste Art, ein Tonsignal einem ausgesendeten Träger aufzumodulieren, ist die Amplitudenmodulation - kurz AM. Die Amplitude des Trägersignals ändert sich unter- und oberhalb der Trägerfrequenz (oberes und unteres Seitenband) gleichmäßig in Abhängigkeit von Pegel und Frequenz des Informationssignals.

FM: Bei der FM-Modulation variiert die Frequenz des Signals rund um die Mittenfreqzenz im Takt der Stimme. Der Empfänger kann diese Abweichungen wieder als Ton auswerten.

SSB: Bei der SSB-Modulation (single sideband modulation) wird das komplette Trägersignal unterdrückt. Erst, wenn gesprochen wird, wird Energie vom Sender abgegeben. Die Amplitude wird nur im oberen (USB/upper sideband) oder unteren Seitenband (LSB/lower sideband) zur Mittenfrequenz aufmoduliert. Dieses halbe Signal muss vom Empfänger wieder zu einem ganzen Signal ergänzt werden. Die fehlende Hälfte wird generiert, was in Abhängigkeit zur Qualität des Empfängers dann mehr oder weniger gut klingt.

Digital: Die gesprochene Stimme wird digital in Nullen und Einsen gewandelt (AD - Analog Digital). Die Nullen und Einsen werden Tönen zugeordnet und diese dann ausgesendet. Der Empfänger wandelt die Töne wieder in Nullen und Einsen und dann zurück zur Stimme (DA - Digital Analog). Im Jedermannfunk wird lediglich das Tonsignal gewandelt, es ist kein digitales Netzwerk notwendig. Der Verbindungsaufbau ist daher praktisch weiterhin analog.

SWR - Messung und -Messgerät

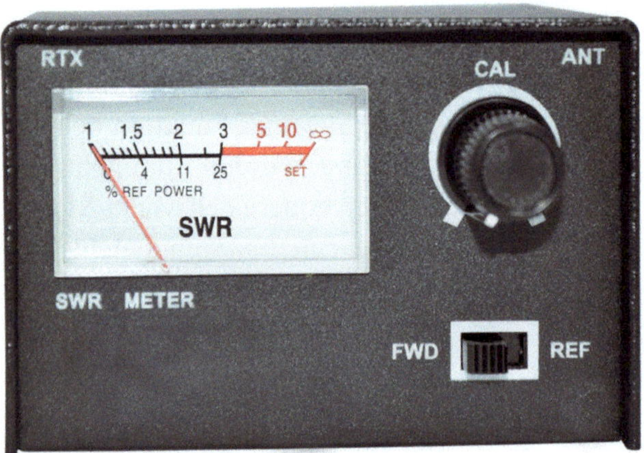

Bild: einfaches SWR-Meter

Das Stehwellenmessgerät/SWR-Meter ist die Grundausstattung, um neu aufgebaute Antennen auf die richtige Länge abzustimmen. Ist die Antenne zu lang oder zu kurz, werden Teile der abgesendeten Leistung im Antennenkabel zurückreflektiert. Als Folge strahlt die Antenne nicht mehr die ganze zugeführte Leistung ab. Zudem kann zu viel zurücklaufende Leistung das Funkgerät beschädigen. Um optimale Bedingungen zu erreichen, wird daher die Antenne mit Hilfe des Stehwellenmessgerätes passend abgestimmt. Die meisten Antennen bieten die Möglichkeit, die Länge des Strahlers zu verlängern oder zu verkürzen. Stimmen alle anderen Aufbauparameter und die Antenne steht frei, sind hier zumeist nur wenige +/- Zentimeter maßgebend, ob die Antenne angepasst ist oder noch nicht zur Betriebsfrequenz passt. Auch das Messgerät muss zu der zu messenden Frequenz passen, um richtige Anzeigewerte zu liefern. CB-Funkgeräte arbeiten im Kurzwellenbereich, hier ist die Auswahl an SWR-Metern am größten. Mit einer Preisspanne von ca. 15 bis mehrere hundert Euro gibt es eine Auswahl für jeden Anwendungsfall. Für CB reicht ein einfaches Modell meist vollkommen aus. Um Antennen für Freenet (2m UKW oder VHF/utrakurze Wellen) oder im PMR-Frequenzbereich (UHF) abgleichen zu können, muss das Messgerät für höhere Frequenzen geeignet sein. SWR-Meter für VHF/UHF sind um einiges teurer, als die Geräte für KW-Kurzwelle (HF), und die Auswahl ist deutlich kleiner.

Stehwellenmessung

Um die Anpassung einer Antenne mit dem SWR-Meter zu überprüfen, muss die Verbindung zwischen Funkgerät und Antenne aufgetrennt werden. Bei CB-Funk-Mobilgeräten wird der Anschluss zur Antenne über eine rückseitige PL-Buchse hergestellt. Anstelle der direkten Verbindung zur Antenne wird das SWR-Meter eingeschleift. Das SWR-Meter selbst hat zwei Buchsen, eine Buchse zum Anschluss der Antenne (Ant) und eine, die mit dem Funkgerät verbunden wird (TRX). Diese Verbindung erfolgt mit einem zusätzlichen Koaxkabel mit PL-Steckern, oft auch als Patchkabel bezeichnet (kurzes PL-PL-Verbindungskabel).

Das SWR-Meter zeigt keine absoluten Werte an, sondern misst im Verhältnis von zur Antenne gehender Sendeleistung (FWD) zu zurückkommender Reflexion (REF). Bei den günstigen Geräten ist zur Umschaltung zwischen Vorwärtsmessung (FWD) und Reflexionsmessung (REF) ein Schalter auf der Vorderseite zu finden. Die Messung beginnt immer mit der Vorwärtsmessung (FWD), um die zur Antenne gehende Sendeleistung zu messen. In dieser Einstellung wird das SWR-Meter bei gedrückter Sendetaste kalibriert (CAL). Auf der rechten Seite der Messskala befindet sich der Kalibrationspunkt (SET). Mit Hilfe des Dreh- oder Schiebereglers (CAL) wird durch Drehung im Uhrzeigersinn die Anzeigenadel auf den SET-Punkt justiert. Damit ist die Kalibrierung in Vorwärtsrichtung abgeschlossen. Der Schalter wird nun für die Reflexionsmessung in die Stellung REF gebracht, das Messgerät zeigt jetzt die durch Fehlanpassung der Antenne verursachte Reflexionsleistung auf der Skala an. Die Kalibrierungseinstellung (CAL) darf natürlich jetzt nicht mehr verändert werden.

Die Sendetaste sollte immer nur kurz betätigt werden, solange das SWR noch im roten Bereich ist. Das SWR wird in der Skala 1 bis 10 (unendlich) angezeigt. Durch Verändern der Antennenlänge wird nun der Wert des geringsten Rücklaufs anvisiert. Eine SWR von 1 bis 1,4 ist gut, von 1,5 bis 1,8 noch brauchbar. Werte bis 2 sind noch vertretbar, weisen aber auf Probleme mit der Antenne hin. Noch höhere Werte könnten das Funkgerät beschädigen. Eine möglichst geringe reflektierte Leistung 1:1,1 bis 1:1,3 bedeutet, dass die Sendeleistung zum größten Teil durch die Antenne abgestrahlt wird.

Diese optimalen Werte lassen sich aber nicht immer zu 100% herstellen!

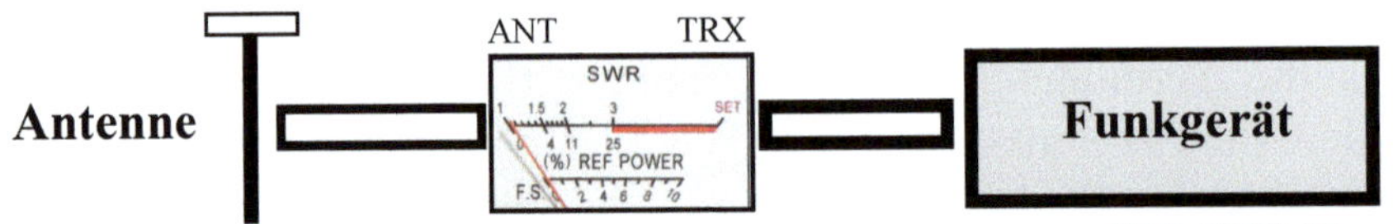

Bild: SWR-Messung

Solange die Antenne noch nicht abgestimmt ist, sollten die Aussendungen kurz gehalten werden, um die Transistoren in der Leistungsstufe des Funkgerätes nicht durch Fehlanpassung zu überhitzen. Ein sogenannter "Dummyload" simuliert eine perfekt abgestimmte Antenne und kann als Referenz bei der Fehlersuche helfen. Eine zu kurze Antenne hat tendenziell auf höheren Frequenzen ein besseres SWR (z.B. CB Kanal 40). Ist die Antenne noch zu lang, dann ist das SWR auf den tieferen Frequenzen (CB Kanal 1) tendenziell besser. Mit diesem Test lässt sich bestimmen, ob die Antenne gekürzt oder verlängert werden muss, um optimal abgestimmt zu sein.

Kreuzzeigerinstrumente zur SWR-Messung zeigen die Werte für Vorwärts- und Reflexionsmessung gleichzeitig an. Am Punkt der Überkreuzung beider Anzeigenadeln wird der SWR-Wert abgelesen. Diese Geräte sind deutlich teurer, größer und für Messungen mit höheren Sendeleistungen ausgelegt.

Bild: Kreuzzeiger-SWR-Meter, Antennenanalyzer

Antennenanalyzer sind mittlerweile so günstig geworden, dass sie auch für private Anwender interessant werden. Sie zeigen viele Messdaten an, die beim Abstimmen einer Antenne sehr hilfreich sind. Für einfache SWR-Messungen reicht ein SWR-Meter. Wer jedoch viele Antennen einstellen muss oder Eigenentwicklungen testen will, bekommt vom Analyzer wichtige Informationen zur schnelleren Optimierung der Antennenanlage. Die Geräte gibt es vom Minitaschen- bis zum ausgewachsenen Messcomputer. Die Displays zeigen die Werte in monochrom oder sogar Farbe an. Gespeicherte Werte können an den PC übertragen werden.

Probleme bei der SWR-Anpassung

Es gibt vielerlei Gründe, warum sich eine Antenne nicht optimal anpassen lässt und kein guter SWR-Wert erreichbar ist. Inbesondere beim Aufbau von Antennen auf dem Balkon oder Dachboden ergeben sich Situationen, in denen ein Abgleich scheinbar nicht möglich ist. Viele Funker haben nicht die Möglichkeit eine große und sichtbare Antenne aufzustellen, insbesondere für CB-Funk. Damit nun aber überhaupt gefunkt werden kann, kommen oftmals Antennen zum Einsatz, die eigentlich für den Betrieb auf einem Fahrzeug bestimmt sind. Diese sind dann zwar oft viel zu klein, um eine gute Abstrahlung zu ermöglichen, aber immer noch besser als keine Antenne.

Fahrzeugantennen sind so konzeptiert, dass die Karosserie des Fahrzeugs als Teil der Antennenanlage einbezogen wird. Das Metall des Autos bildet einen zweiten Teil der Antenne. Dieser wird oftmals als elektrisches Gegengewicht bezeichnet, hat aber mit der mechanischen Gewichtseinheit nichts zu tun. Gemeint ist hiermit ein rein elektrischer Gegenpol zur Antenne. Fehlt nun, im Fall einer Mobilantenne, dieser elektrische Gegenpol, ist die Antennenanlage unvollständig und eine Abstimmung nicht möglich. Erst, wenn man der Mobilantenne dieses Gegengewicht zur Verfügung stellt, ist eine Abstimmung möglich!

Für Mobilantennen im ultrakurzwelligen Bereich von PMR- und Freenetfunk reicht oftmals schon ein altes Backblech aus, um dieses elektrische Gegengewicht zu bilden. Eine Automagnetantenne beispielweise lässt sich so meist schon erfolgreich abstimmen und betreiben. Für den längerwelligen CB-Funk ist ein Backblech jedoch zu klein, es reicht nicht als elektrisches Gegengewicht. Damit die Funktionsfähigkeit gegeben ist, benötigen CB-Mobilantennen mindestens die Metallfläche eines Autodaches. Hierbei zählt jedoch nicht nur die Fläche in Quadratmetern, sondern vielmehr die Längenausdehnung im Verhältnis zur Wellenlänge. So ist es möglich, die notwendige Länge auch in Form von Draht herzustellen.

Als **Beispiel für den Betrieb einer CB-Funkmobilantenne** könnte diese auf ein Blech montiert werden, welches jedoch nur als Montagepunkt und mechanisches Gegengewicht dient, damit die Antenne einen sicheren vertikalen Stand hat. Das elektrische Gegengewicht bilden zwei

Drähte zu ca. 2,75 Meter (viertel Lambda / λ¼), welche leitend an das Blech verschraubt werden. Die ausgesendete hochfrequente Energie findet in dieser Drahtlänge ihren passenden elektrischen Gegenpol und somit ihr auf die Wellenlänge abgestimmtes elektrisches Gegengewicht. Das Antennensystem ist somit vollständig, die Antenne kann abgestimmt werden. Diese Drähte werden auch als Radiale bezeichnet und sind waagerecht ausgelegt. Bei Stationsantennen befinden sich diese Radiale oftmals als horizontale Ausleger am Antennenfuß.

Wird eine **Mobilantenne auf einem Fahrzeug** montiert, es ist jedoch keine optimale Abstimmung möglich, liegt die Ursache fast immer an mangelndem elektrischen Kontakt zur Fahrzeugkarosserie. Der Antennenfuß stellt keinen Kontakt her, weil z.B. eine nicht leitende Lack- oder Rostschicht die Verbindung verhindert. Bei Fahrzeugen mit einem Kunststoffdach ist natürlich kein elektrisch leitendes Gegengewicht vorhanden. Hier muss der Antennenfuß über ein sogenanntes Massekabel mit den metallischen Teilen der Fahzeugkarosserie verbunden werden oder das notwendige Gegengewicht in Form von Radialen hergestellt werden.

Auch an **Steckern oder Kabeln** kann die elektrische Verbindung zur Masse oder zum Innenleiter unterbrochen sein und eine Abstimmung unmöglich machen. Hier muss überprüft werden, ob eine ausreichend leitende Verbindung gewährleistet ist. Ein Durchgangsprüfer oder Ohm-Meter ist das geeignete Werkzeug.

Da beim Funken die Energie drahtlos übertragen wird, ist auch eine **drahtlose Beeinflussung der Antenne** möglich. Jeder metallische Gegenstand in der Umgebung der Antenne hat Einfluss auf deren Abstimmung. Metallaufbauten am Balkon, aber auch die Stahleinlagen im Beton der Gebäudestruktur können Einfluss auf die Antenne haben. Sie werden drahtlos zu einem Teil der Antenne und verändern die Abstimmung. Es ist daher zwingend notwendig, Antennen möglichst ohne diese Beeinflussungen zu montieren, damit eine Abstimmung überhaupt möglich wird. Balkonantennen werden oft an Auslegern betrieben, um etwas Abstand zur Gebäudestruktur zu bekommen. Antennen auf Dachböden reagieren z.B. auf Wärmedämmungen mit aufkaschierter Aluminiumfolie oder Strom- und Wasserleitungen in der Nähe des Antennenstrahlers.

Funkersprache

Die Sprache der Funker ist eine ganz eigene Sache. Für nicht Eingeweihte klingt das dann wie eine Mischung aus Agentenfilm und Parodie auf einen solchen. Den Ursprung haben viele der Abkürzungen in der Frühzeit der Funkerei. Die ersten Funkkontakte wurden damals ausschließlich in Morsetelegraphie gemacht. Buchstaben werden durch Tonfolgen ersetzt (...---... SOS - 1906). Für jeden Buchstaben wird eine Folge von langen und kurzen Tönen gesendet. Damit lassen sich gut hörbare Nachrichten versenden, die auch noch bei schlechter Signallage decodiert werden können. Wie viele Zeichen pro Minute auf diese Art übertragbar sind, hängt von der Gebegeschwindigkeit des Senders und der Lesefähigkeit des Empfängers ab. Zum Geben der Morsezeichen wird die Morsetaste vom Funker per Hand getastet. Durch den Einsatz von maschinellen Gebern und Lesern konnte die Datenrate gesteigert werden. Mit der Verwendung von Abkürzungen können ganze Sätze gespart werden, was auch heute noch bei schlechten Verbindungen hilfreich ist.

Q-Codes der Funker (Auszug)

Q-Schlüssel	Bedeutung
QRA	Das Rufzeichen / Der Stationsname ist … (z. B. Stationsname ist „Pirat07")
QRG	Frequenz bzw. Kanal
QRM	Beeinträchtigung durch Störungen, verursacht durch andere Stationen
QRN	Beeinträchtigung durch atmosphärische Störungen (z. B. bei Gewitter)
QRT	Beendigung des Sendebetriebs
QRU	Es liegt nichts mehr vor
QRV	Sende- und Empfangsbereitschaft
QRX	Pause
QRX	Eine neu hinzugekommene Station möchte in ein laufendes Funkgespräch aufgenommen werden
QRZ	Anruf einer bestimmten Person
QSL	Empfangsbestätigung
QSO	Funkgespräch (bzw. die Gesprächsrunde)
QTH	Name oder Maidenhead-Locator des Standorts
QZL	Funkspruch ohne Sinn (Merkspruch: Quatsch Zum Lachen)
27	Bleib gesund! (während COVID-19-Pandemie eingeführt)
55	Viel Erfolg!
73	Viele Grüße!
88	Liebe und Küsse!
99	Nicht stören, verschwinde!
600	Telefon (abgeleitet von der Telefonleitungsimpedanz 600 Ω)

2 m	machen (auf Freenet 2 Meter funken)
	schlafen, ins Bett gehen, horizontal schlafen, ins Bett gehen
6 m	machen = telefonieren
128	viel Erfolg & viele Grüße! (Kurzform für die beiden Ausdrucksweisen 73 und 55; 73+55 ergibt als Summe 128)
Abfangjäger	Polizei
Abklemmen	Funkverkehr beenden
Alpha	siehe Oberwelle
Band offen	weite Funkverbindungen über die reflektierende Raumwelle sind möglich
Blechparty	Unfall
Braunsche Röhre	Bierflasche
Breake	Funkgerät
Bügeln	eine andere (schwächere) Station mit höherer Leistung wegdrücken
Breaken	Funkverkehr abwickeln / oder: Unterbrechung, unterbrechen (bei Gesprächen)
Handgurke	Bezeichnung für ein Hausfunkgerät
Breaker	CB-Funker
Breakerhügel	exponierter Standort für Funkstellen, meist Erhebungen oder Berge
Brenner	unerlaubter, aber üblicher Sendeleistungsverstärker
Kojak mit Kodak	Radarfalle
Oma	großer Brenner (>100 Watt)
Uroma	sehr großer Brenner (> 500 Watt)
Tante	kleiner Brenner (40 Watt)
Der Gilb kommt	ein Messfahrzeug ist unterwegs
Die Biege machen	siehe „Abklemmen"
Die rote Mütze aufhaben	Leitstation einer Funkrunde sein
fliegen	mit dem Auto/LKW unterwegs sein, auch: „mobilerweise"
Glatteis, Trockengewitter	Radarfalle
Handpuste	Handfunkgerät
HG	Handfunkgerät, gerne aber auch als Abkürzung für Hintergrund („Bin mal HG")
Hi	auch H-i (sprich Ha ih) Lachen, wird auch an einen Satz angefügt, um auf etwas Lustiges hinzuweisen
Hintergrund machen	anderweitig beschäftigt aber empfangsbereit
Kaffeemaschine	siehe „Brenner"
Auf die Keramik gehen	zur Toilette gehen
KF	Feststation
Kiste	Funkgerät
Mikro	Mikrofon („Mike" oder auch „Knochen")
Mikrowelle(n)	Kinder
Müll, Matsch	Störungen atmosphärischer Art
Nickname	Funker-Spitzname
Oberwelle, YL	Ehefrau bzw. Lebensgefährtin, aber auch: weiblicher CB-Funker
oberkünftig	Funken aus erhöhter Position (steigert die Reichweite)
Paula machen	zwischen zwei (entfernten) Funkern vermitteln
Skip	Rufname; Reichweitenerhöhung („Skip ist offen")
Spargel	Antenne
Stereo	zwei Sender senden gleichzeitig

Nützliche Tipps für die Funkpraxis

👍 *Die Wahl des Funkstandorts*

Der Funkstandort hat den größten Einfluss auf die mögliche Reichweite. Sitzt man mit Aluhut auf dem Kopf im Keller und versucht mit dem Handfunkgerät Kontakt zu bekommen, so wird das in den meisten Fällen keinen Erfolg bringen. Damit sich die Funkwellen ausbreiten können, ist ein hoher und freier Standort immer die erste Wahl. In der Stadt wird man von Hoch-häusern oder Türmen aus wesentlich bessere Verbindungen aufbauen können, als aus der tiefen Straßenschlucht. Gleiches gilt auch für länd-liche Gegenden: Hier steht man zum Funken besser auf dem Berg, als unten im Tal. Die beste Abstrahlung hat man auf spitzen Erhebungen mit steil abfallendem Gelände. Diese Punkte bringen oft bessere Reichweiten als Hochebenen. In der Regel gilt immer: "Je höher, umso besser"!

👍 *Eine gute Antenne ist der beste Verstärker*

Beim Funkbetrieb mit mobiler Ausrüstung ist die Stromkapazität begrenzt, daher kann auch nicht mit beliebig hoher Leistung beliebig lange gesendet werden. Irgendwann ist der Akku verbraucht oder das Benzin vom Stromerzeuger leer und der Saft für die Funkanlage geht aus. Eine gute Antenne ist, neben dem Standort, daher der wichtigste Faktor für die Reichweite. Dabei spielt es keine Rolle, ob man CB-, PMR- oder Freenetfunkgeräte einsetzt - eine gute und passende Antenne bringt immer einen Gewinn.

👍 *Der gute Ton*

Der gute Ton sollte sowohl bei der Aussendung als auch im Umgang mit anderen Funkern eingehalten werden. Das gesendete Tonsignal sollte weder zu leise oder zu laut sein, noch zu dumpf oder schrill. Echo und Hallfunktionen bringen zwar Discoeffekt, tragen aber selten zur besseren Verständlichkeit bei. Ein guter Ton ist das Markenzeichen unter Funkern. Das betrifft auch die Umgangsformen. Streitereien nerven nicht nur andere Funkteilnehmer, sondern können auch noch in größerer Entfernung den Kanal für andere Funker blockieren. Hier ist dann auf jeden Fall eine gewisse Funkdisziplin angebracht.

 CTCSS oder Pilot-Ton- (PL-Ton-) Squelch deaktivieren

Insbesondere bei PMR-Funkgeräten ist der PL-Ton-Squelch (Pilot-Ton-Squelch) zu deaktivieren. Der Pilot-Ton-Squelch ist eine Tonsperre, die sowohl Rauschen in Gesprächspausen unterdrückt, als auch Signale ohne PL-Ton ausblendet. Der Pilot-Ton ist ein dem Sendesignal zugefügter, fast unhörbarer Subton von 67 bis 250 Hz, auch CTCSS (englisch: *"Continuous Tone Coded Subaudio Squelch"* oder englisch: *"Continuous Tone Coded Squelch System"*) genannt. Er erlaubt das gezielte Ansprechen von Funkpartnern mit der gleichen Subtoneinstellung. Die meisten Geräte bieten 38 Standartsubtonfrequenzen zur Auswahl. Stationen ohne PL-Ton oder abweichender Einstellung werden ausgeblendet und sind nicht hörbar. Wer wirklich alles hören will, das auf der Frequenz gesprochen wird, sollte daher den PL-Squelch deaktivieren. Sind mehrere Teilnehmer mit unterschiedlichen PL-Ton-Einstellungen auf dem gleichen Funkkanal aktiv, können sie sich zwar nicht hören, aber trotzdem gegenseitig stören. Nur mit deaktiviertem PL-Ton-Squelch kann man sicher einen Funkkanal auf Aktivität abhören. In Krisensituationen sollte daher immer auf diese PL-Ton-Gruppenfunktion verzichtet werden, um eine Überbelegung von Funkkanälen und gegenseitige Störung zu vermeiden. Ein Hilferuf könnte bei aktivem Ton-Squelch einfach ausgeblendet werden, auch wenn das Signal eigentlich hörbar gewesen wäre! Andersherum ist ein aktivierter PL-Ton aber auch keine Abhörsperre, jeder Empfänger ohne aktivierten Ton-Squelch kann alles mithören, was auf dem Kanal gesprochen wird! Um zu überprüfen, ob ein Kanal wirklich frei ist, sollte generell jede Art von Rauschunterdrückung kurzzeitig ganz deaktiviert werden.

 Verwende nur gute Stecker!

Wer mit Funkwellen arbeitet, kommt um den Anschluss von Antennen nicht herum. In der Pionierzeit der Funkerei wurden diese Verbindungen meist über Schraub-Klemm-Verbindungen gelöst. Das bedeutet einerseits einen recht großen Herstellungs- und Materialaufwand, andererseits waren diese starren Verbindungen recht unflexibel.

Ab dem Jahr 1924 verbreitete sich der von der Firma *Hirschman* entwickelte 4mm-Stiftstecker mit Bogenfeder (kurz Bananenstecker) in der flexiblen Kontakherstellung. Für den Bananenstecker reicht als Aufnahme eine 4mm-Bohrung in leitendem Metall aus. Der für HF-Anwendungen notwendige Masseanschluss wurde meist über einen zweiten Bananenstecker realisiert - den passenden Stecker gab es auch als Doppel-Banane.

Bereits 1880 wurden, u. A. durch den britischen Ingenieur und Mathematiker *Oliver Heaviside,* erste Koaxialkabel entwickelt. Während Bananenstecker für die vorher üblichen Flachbandantennenleitungen noch ausreichten, trat mit der Verwendung von koaxialen Kabeln ein Problem auf - der mangelhafte impedanzrichtige (Masse-)Anschluss. Auch fehlte es an einem Schutz gegen versehentliches Herausziehen, was vor allem bei den aufkommenden militärischen und kommerziellen Anwendungen problematisch war.

Der amerikanische Elektroingenieur *E. Clark Quackenbush* entwickelte 1932 deshalb für die Firma *Amphenol* den noch heute gebräuchlichen UHF-Stecker mit 4 mm Innenstift und Überwurfverschraubung für Massekontakt und Zugentlastung. Die damaligen Bezeichnungen des US-Militärs für den UHF-Stecker beziehungsweise die UHF-Buchse waren "PL259 plug" sowie "SO239 socket". Daraus hat sich die alternative Bezeichnung PL-Steckverbinder erhalten, die aber genau genommen falsch ist.

Dieser Stecker ist für heutige UHF-Anwendungen (>300 MHz) ungeeignet (UHF für "Ungeeignet für Hoch-Frequenz:-)"), da er zwar Masseverbindung, Schirmung und Zugentlastung bietet, aber auf Grund seiner Bananenkonstruktion nicht impedanzrichtig ist (oft 30 anstatt 50 Ohm) und Reflexionen erzeugt. Trotzdem wurde dieser günstig zu bauende Stecker in großen Massen hergestellt und hat sich weltweit für HF-Anwendungen bis 30MHz/750Watt - vor allem im Hobbyfunk - verbreitet. Für höhere Frequenzen werden heute aber auch im Hobbyfunk die verbesserten Nachfolgemodelle wie N, BNC, TNC und SMA bevorzugt. Seit dem CB-Funk-Boom der 1970er Jahre wird der Markt mit billigen PL-Steckern überschwemmt. Es wird gespart, wo es möglich ist - dünnes, rostendes Blech und mangelnde Maßhaltigkeit gehören zu den Folgen. Schlimmere Auswirkungen hat jedoch die Spar-Isolation, die in den Billigstvarianten verbaut wird. Bekannte Probleme sind mangelnde Hitzebeständigkeit (die Isolation schmilzt schon beim Löten) und mangelnde Beständigkeit gegen Feuchtigkeit (Wasser verändert Isolationswerte und Haltbarkeit). Die Zugentlastung und Masseverbindung an der Kabeleinführung ist ein weiterer "schneidender Knickpunkt": Hier gibt es keinen definierten Masseanschluss und die Zugentlastung wird durch ein "Messergewinde" im Kabelschirm eingeschnitten.

Für feste Innenraumverlegung mag das ausreichend sein, sofern der Stecker sich überhaupt sauber verarbeiten lässt. Bei jeder Bewegung jedoch schneidet sich das Klingengewinde tiefer in das Schirmgeflecht, bis es als Zugentlastung versagt und deshalb die Masseverbindung unterbrochen wird. Für Feuchtigkeit stellt das Schneidegewinde kein großes Hindernis dar. Wasser kann nahezu ungebremst eindringen und verbleibt dann im Stecker, um sich von dort weiter seinen Weg in das Kabel zu bahnen. Die Folgen sind hohe Dämpfung, schlechtes SWR und ein oxidiertes Koaxkabel (unbrauchbar geworden = E-Müll). Knickschutztüllen und Schrumpfschlauch bringen zwar etwas Verbesserung, dennoch gilt: *"Bitte nicht zu viel Bewegung an der frischen Luft!"*

Für den Portabel- und Berg-DX-CB-Funk gibt es nur den "einen Stecker, der alle dominiert". Gebaut wird er zwar von mehreren Herstellern, aber das Prinzip ist ähnlich (bis auf Patentdetails). Die Rede ist hier von den **"UHF-PL-Spezial"-Steckern** mit wasserdichter Quetschverschraubung. Bei diesen Steckern wird das Kabel im kompletten Außenumfang von einem Gummiring umschlossen und durch die Verengung sicher und dicht gehalten.

Der Masseschirm wird an definierter Stelle kontaktiert und zusätzlich durch Pressung sicher fixiert. Kabel, die mit diesen Steckern ausgestattet sind, halten auch beim portablen Funkeinsatz und versagen nicht ihren Dienst, wenn's drauf ankommt. Auf dem Feld/Berg gibt es nichts Schlimmeres, als mangelhafte Steckverbindungen und Kontakte. Der Stecker ist immerhin die erste "Engstelle" nach dem Funkgerät. Kommen mehrere solcher Engstellen zusammen, steigt nicht nur die Dämpfung an den mangelnden Kontaktpunkten, sondern auch der "Murphy-Faktor" steigt exponentiell. Ist kein Ersatzkabel oder (Gas-)Lötkolben mit im Funkgepäck, heißt es oftmals: *"Kontaktverlust - Abbauen und Heimfahren/-laufen!"*

Es sollte also bitte niemals am falschen Ende gespart werden: Diese 3 - 5 € für einen verlässlichen Stecker sind bestens angelegt. Genau nach Herstellerangaben montiert, hat man lange Funk-Freude damit.

👍 *Benutze nur gutes Antennenkabel*

Beim Portabel- und Krisen-Notfunk gibt es unterschiedliche Anforderungen an das Koaxkabel. Wer häufig auf- und abbaut, braucht ein sehr robustes Kabel, das auch in der Handhabung kleine Fehler verzeiht und sich gut wickeln lässt. Das Kabel sollte zudem auch nicht zu viel Gewicht auf den portablen Mast oder die Halterung bringen. Jedes Gramm zählt, insbesondere bei zusätzlicher Windlast und Rucksacktransport. Für kürzere Kabelstrecken und Leistungen bis 500 Watt bieten sich deshalb Kabel mit 5 mm Durchmesser an. Damit das Kabel möglichst flexibel ist, sollte der Innenleiter nicht massiv sein, sondern aus einzelnen Litzen bestehen (je mehr, umso besser/flexibler). Die Isolation sollte versehentliche Zuglast sicher abfangen. Der Außenmantel muss zäh und belastbar beschaffen sein und das Kabel auch häufige engere Biegeradien verkraften. Diese Eigenschaften sollten über einen möglichst weiten Temperaturbereich erhalten bleiben, also bei direkter Sonneneinstrahlung genauso wie bei Frost und Feuchtigkeit. Hier ist also dringend Markenware vom Fachhändler angeraten, Billigangebote ohne Datenblatt sollten nicht verbaut werden!

👍 *Originalmikrofon (O-Mike) als Ersatz mitführen*

Viele der Originalmikrofone, die den Funkgeräten bei der Auslieferung beigelegt werden, haben eine mangelhafte Sprachübertragung. Abhilfe schaffen Verstärkermikrofone (V-Mike) mit ihren unterschiedlichen Klangeigenschaften. Eine dumpfe Wiedergabe kann durch ein hell klingendes Mikrofon verbessert werden. Die Lautstärke kann durch den eingebauten Verstärker immer so angepasst werden, dass die Gegenstation eine ausreichende Lautstärke geliefert bekommt. Aber diese V-Mikes haben auch Nachteile: Sie brauchen Strom (Ersatzbatterie mitführen!) und können durch das eigene Sendesignal gestört werden. Die von der eigenen Antenne abgestrahlte Leistung verursacht Störungen in der Verstärkerschaltung des Mikrofons. Dadurch wird das Sprachsignal oft unbrauchbar verzerrt und kann nicht verstanden werden. Kann man diese direkte Einstrahlung nicht vermeiden, ist man mit einem Mikrofon ohne Verstärkerschaltung besser bedient. Ein Versagen der Batterie kann dann auch keinen Kontaktverlust verursachen, denn die O-Mikes brauchen keine Batterie. Als meistbewegtes Teil einer Funkanlage ist das Mikrofonkabel einer ständigen Belastung ausgesetzt, hier können Kabelbrüche häufiger auftreten. Ein zweites Mikrofon rettet dann die Funkverbindung, auch wenn es klanglich nicht so gut ist.

👍 *Gute Stromverbindungen auch im Blindflug*

Im Dunkeln kann das menschliche Auge Farben nicht mehr unterscheiden. Bei der Verkabelung von Funktechnik kann es die Zerstörung der Ausrüstung zur Folge haben, wenn Kabel verwechselt werden. Abhilfe schaffen hier 12Volt-Steckersysteme mit Verpolungsschutz. Diese können nur in der richtigen Polarität gesteckt werden, ein mechanischer Schutz verhindert die Verpolung von Plus- und Minuspol.

Um Aufbauzeit zu sparen, sollte die ganze Verkabelung mit einem einheitlichen Steckersystem ausgerüstet sein, so lässt sich alles schnell und sicher verbinden. Eine gute Kontaktgabe garantiert, dass der Strom ohne Widerstand am Funkgerät ankommt. Schlechte Kontakte rauben hier wichtige Leistung, die dem Sender dann nicht zur Verfügung steht. Je mehr Leistung eine Sendeanlage aussendet, umso mehr Leistung benötigt sie auch von der Stromquelle. Dünne Kabel können nur wenig Power transportieren und werden in Folge warm (Brandgefahr). Kabel (Querschnitt) und Steckverbindungen müssen der Leistung entsprechend dimensioniert sein. Der Stromfluss auf der Leitung wird in A (Ampere) angegeben. Hat ein Funkgerät die Angabe 3 A für den Sendebetrieb, muss die Verkabelung mindestens für 3 A, besser 5 A ausgelegt sein.

👍 *Ersatzsicherungen*

Übersteigt der Strom auf der Zuleitung zum Funkgerät die höchstzulässige Amperzahl nach Herstellerangaben, brennt die Sicherung durch anstatt des überlasteten Kabels. Aber auch auf mechanischem Weg können Sicherungen kaputt gehen. Passender Ersatz ist Pflicht für die Funkausrüstung. Die Sicherung sollte niemals überbrückt werden oder durch eine Sicherung mit höherer Ampereangabe ersetzt werden.

Brennt auch die Ersatzsicherung bei A nach Herstellerangaben durch, dann liegt ein Defekt am Funkgerät vor. Von weiteren Versuchen mit Ersatzsicherungen ist dann dringend abzusehen, um zusätzliche Schäden zu vermeiden.

👍 *Panzertape und Kabelbinder*

Panzertape und Kabelbinder halten die Welt zusammen. Für die schnelle Reparatur oder den Bau einer Antennenhalterung sollten sich immer einige gute Kabelbinder und Panzer- oder Gewebeband im Funkkoffer befinden (auch für fast sonst Alles, was kaputt geht, als erste Hilfe brauchbar).

👍 *Hochwertiges dünnes Seil*

Moderne Hightech-Seile sind hoch belastbar und dabei dünn und leicht. Bereits die leichtesten Ausführungen haben Zugfestigkeiten von bis zu 100 kg und passen als 50m-Rolle noch in das kleinste Seitenfach. Mit ihnen kann man Antennen in Bäume ziehen, Funkmasten abspannen oder sich selbst wie ein Agent aus der Jackentasche abseilen.

👍 *Radiale*

Wer länger an einem Ort bleibt oder ein Basiscamp einrichtet, kann zur Steigerung der Reichweite Bodenradiale auslegen. Damit verhilft man auch Behelfsantennen zu einer besseren Abstrahlung. Beim professionellen Senderbetrieb wird deshalb schon in der Bauphase viel Metall in den Boden eingebracht. Die Radiale liegen unterhalb der Antenne und werden sternförmig ausgelegt. Für CB-Funk reichen 4 bis 8 Radiale aus Lautsprecherkabel, die Länge ist mit 2 bis 3 Metern unkritisch. Der Kontakt erfolgt am besten mit einer zum Koaxkabel passenden, wasserdichten Masscklemme oder direkt am Antennenfuß, je nach Aufbauhöhe.

👍 *Erdungsstab*

Ein einfacher Erdungsstab ersetzt keinen Blitzableiter, auch wird er die Reichweite nicht verbessern können. Trotzdem kann er nützlich sein und Schutz für die Funkanlage bieten. Portable Funkantennen können sich statisch aufladen und hohe Spannungen über das Kabel abgeben. Bei einer festen Installation würden diese Aufladungen über den Blitzableiter Richtung Erde abgeleitet werden, beim Funken aus dem Auto oder Zelt ist diese Ableitung jedoch nicht vorhanden. Wird eine portable Antenne längere Zeit nicht genutzt und dann wieder angeschlossen, kann ein Funke vom Stecker zum Funkgerät überspringen. Das kann zu Schäden im Gerät führen. Deshalb sollte man immer zuerst den PL-Stecker mit der Spitze an den Erdboden halten, bevor man ihn in das Gerät einsteckt.

Somit werden statische Aufladungen von der Antenne in den Boden abgeleitet. Für längere Aufbauten hilft ein Erdungsstab, der auf Masse liegt, um diese Problematik zu entschärfen. Als Blitzschutz reicht das aber nicht aus! Bei Festinstallation muss der Blitzschutz durch eine Fachfirma gemacht werden (DE). Ansonsten gilt: *"Bei aufkommendem Gewitter Antenne einziehen oder umlegen und Stecker raus!"*

👍 *Umfeld prüfen*

Selbst auf dem einsamsten Berg ist man vor Störungen durch andere Anlagen nicht sicher. Bevor man eine größere Funkanlage aufbaut, sollte immer ein Blick auf die Umgebung geworfen werden. E-Weidezäune und Sendemasten sind oft Grund für starke Empfangsstörungen. Hat man ein Handfunkgerät, kann man vor größeren Aufbauarbeiten zuerst einen Standorttest machen. Sind schon auf dem Handgerät Störungen zu hören, könnte der Standort unbrauchbar für den Funkbetrieb sein. Da hilft oft leider nur die Suche nach einem neuen Platz ohne Störungen.

👍 *Sauber bleiben*

Gute Funkstandorte gibt es nicht überall. Umso wichtiger ist es, dass diese Orte nicht verschmutzt werden. Wenn der Almbauer immer wieder den Dreck von seinem Acker räumen muss, kann schon beim nächsten Funkeinsatz Ärger drohen oder die Zufahrt ist nicht mehr zugänglich. Ganz clevere Öhis verlangen dann vom Bergfunker eine Platzmiete.

👍 *Gute Kleidung*

Die Ausbreitungsbedingungen ändern sich mit dem Wetter und der Tageszeit. Nur wer geduldig warten kann wird auch bei schwierigen Verbindungen Erfolg haben. Die Kleidung sollte daher weite Temperaturbereiche abdecken - wer lange im Sitzen funkt bekommt kalte Füße.

👍 *Akkus bei Kälte / Hitze*

Nicht nur dem Funker können widrige Wetterbedingungen zusetzen, sondern auch die Technik leidet unter extremer Hitze oder Kälte. Bei Kälte werden die chemischen Prozesse von Batterien und Akkus beeinflusst, es kann weniger Energie entnommen werden. Daher ist es ratsam, seinen mobilen Energieversorger warm zu halten. Aber auch direkte

Sonne kann zu Problemen mit der Technik führen. Die betriebssichere Temperatur kann durch zu viel Hitze von außen überschritten werden und das Gerät nimmt Schaden durch Überhitzung - also sollte bei Hitze besser ein Schattenplatz für den Funkaufbau gewählt werden.

👍 *Landeskennerliste*

Die Landeskennerliste ab **Seite 139** hilft dabei, Funkstationen ihrer Länderherkunft zuzuordnen. Mit Hilfe der Landeskenner können gezielte Funkkontake zu bestimmten Ländern einfacher gelingen und die Gesprächsinhalte können besser mit dem Geschehen in den jeweiligen Ländern in Verbindung gebracht werden.

👍 *Alkohol und Funk*

Ein Bierchen lockert bekanntlich die Zunge, für ernsthaften Funkbetrieb ist eine zu lockere Zunge jedoch wenig dienlich. Kommt dann noch starkes "Rauschen" dazu, ist die Reichweite oft eingeschränkt. Bei schlechten Verbindungen muss äußerst klar gesprochen werden, denn werden Töne geschluckt, kommt bei der Gegenstation nur wenig Brauchbares an.

👍 *Großsignalfestigkeit*

Hat man einen guten Standort gefunden und dort eine gewinnbringende Antenne aufgebaut, kommt oft ein neues Problem mit der Technik auf einen zu: Mangelnde Großsignalfestigkeit des Empfängers wegen zu vieler, zu starker Signale. Viele Empfänger im Hobbyfunkbereich sind so gebaut, dass sie möglichst hohe Empfangsempfindlichkeit zu einem möglichst kleinen Preis liefern. Bekommen solche Geräte dann durch eine hoch angebrachte Antenne einen sehr hohen Signalpegel, kann der Empfänger dadurch förmlich zustopfen. Hier hilft dann meist nur ein besseres Gerät oder eine Modifikation am Empfangsteil.

👍 *Werkzeuge*

Ein Multitool zum Schneiden, Zwicken und Drehen sollte immer dabei sein. Eine Stirnlampe ist von Vorteil bei der Arbeit in der Nacht - volle Akkus vorausgesetzt. Hochwertiges Kontaktspray hilft bei Kontaktproblemen. Ein Multimessgerät für Volt, Ampere und Widerstand inklusive Ersatzbatterie hilft bei der ersten Fehlersuche vor Ort. Stimmt die Versorgungsspannung? Hat das Kabel noch Durchgang? Zieht das Gerät zu wenig oder zu viel Strom? Hat der Akku noch Sollspannung?

👍 *HF-Einstrahlung*

Bei ungünstiger Aufbauposition der Antenne oder sehr hohen Leistungen kann die Sendeenergie in die eigene Technik einstrahlen. Das kann zu den merkwürdigsten Effekten führen, meist zu Lasten der Übertragungsqualität. Die Gegenstation hört ein Quietschen in der Stimme oder die Stimme klingt verzerrt. In diesem Fall muss ein größerer Abstand zwischen Antenne und Funkgerät hergestellt werden. Auch Mantelwellen durch Antennenprobleme können zu Strahlung auf der Koaxleitung führen. Diese kann man im Extremfall sogar durch bitzeln an den Fingern spüren. In solch einem Fall sollte die Antenne überprüft und optimiert werden. Eine Mantelwellensperre unterdrückt die ungewünschte Aussendung auf dem Antennenkabel. Als Notlösung kann man eine einfache Mantelwellensperre direkt aus dem Antennenkabel bauen, welches zur Antenne führt. Für CB-Funk werden ca. 260 cm unterhalb der Antenne

Bild: Mantelwellensperre aus hochbelastbarem Teflon/ Silber-Koaxkabel
Durch Ferritperlen, die auf das Kabel aufgeschoben werden, erfahren Mantelwellen eine Dämpfung und können sich nicht weiter auf dem Koaxaußenmantel fortsetzen.

5 bis 6 Windungen aus der Zuleitung auf 11 cm Durchmesser als Spule gewickelt. Diese Art der einfachen Koaxkabelspule kann erhebliche Verbesserung bringen.

👍 *Mantelwellensperre dabei haben!*

Beim schnellen Aufbau einer portablen Funkstation können immer wieder Probleme mit Direkteinstrahlungen und/oder Mantelwellen auftreten. Oftmals ist ein schneller Umbau der Antenne nicht mehr möglich. Eine Mantelwellensperre kann, wie oben beschrieben, praktisch in die Zuleitung eingebaut werden. Eine weitere Möglichkeit ist eine Sperre aus Ferrit zum Aufschieben auf das Antennenkabel. Die Ferritsperre kann unterhalb der Antenne und direkt vor dem Funkgerät eingesetzt werden. Ein Schrumpfschlauch schützt das zerbrechliche Ferrit. Mit PL-Stecker und -Buchse ausgestattet ist die Ferritsperre schnell in die Zuleitung eingebaut.

👍 *Windlast auf Bergen*

Gute Funkplätze sind nicht nur frei für gute Wellenausbreitung, sondern bieten oft auch freien Windeinfall. Auch die Windwahrscheinlichkeit ist auf Bergkuppen wesentlich höher. Was im Tal noch perfekt gehalten hat, kann einem auf dem Berg schnell um die Ohren fliegen. Daher sollte die komplette Ausrüstung windfest sein.

👍 *Ersatzgerät*

Auch wenn es schwer fällt, besonders im Rucksack, sollte Ersatz bereit stehen. Hobbyfunkgeräte sind keine Militärausrüstung und halten daher auch längst nicht so viel aus. Die Ausfallrate bei Hobbyfunkgeräten ist wesentlich höher, als bei der sehr teuren Profitechnik - Ersatzgeräte sind also einzuplanen.

👍 *Kurze Rufzeichen verwenden*

Ein kurzes und prägnantes Rufzeichen hat einen hohen Wiedererkennungswert und wird schnell verstanden.

👍 *Grundkenntnisse QSO-Englisch*

Es ist durchaus von sehr großem Vorteil, einige Worte Englisch zu können. Der weltweite Funkverkehr wird überwiegend in Englisch abgewickelt, sogar in Russland und China. Bei länderübergreifenden Funkverbindungen über CB-Funk wird ebenfalls Englisch gesprochen, daher sind Grundkenntnisse für einen internationalen Austausch vorteilhaft.

👍 *Achtung - Feind hört mit!*

Außer bei sehr teurer Militärtechnik können Aussendungen immer abgehört werden. Es werden zwar einige Modelle mit Sprachverschleierung im Handel angeboten, aber jedes baugleiche Gerät kann dann trotzdem mithören. Vertrauliches, genaue Standortnennungen und vollständige Namen gehören daher nicht auf Funk. Einzige Ausnahme ist hier die Aufnahme von Notfällen - Wer? Was? Wann? Wo? Wieviel?
Natürlich kann jeder selbst entscheiden, was er sagt, aber nicht immer bleibt das Gesagte folgenlos.

👍 *3er -Notregel (12, 15, 18, 21, 24h usw.):* Alle 3 Stunden, 3 Minuten, Kanal 3

Verbesserung der Antennenanlage

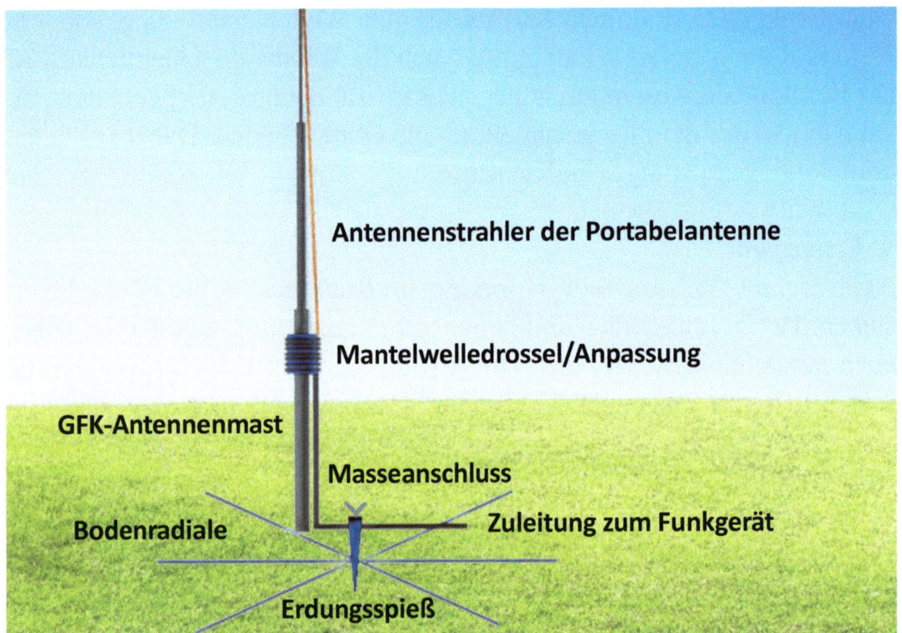

Bild: Portabelantennne mit Bodenradialen und Ableitung von statischen Aufladungen

Auch wenn es unpraktisch erscheinen mag, gerade im Portabelbetrieb bringen sowohl Bodenradiale als auch ein Erdungsspieß Vorteile. Das hängt zwar auch von der Antennenform ab, macht sich aber in mehrerer Hinsicht oftmals bewährt. Bevor große Sendemasten aufgestellt werden, gibt es umfangreiche Bodenarbeiten, bei denen Metalle für Blitzableitung und Grundradiale in den Boden eingebracht werden. Erst danach wird mit den Bauarbeiten für den eigentlichen Sockel der Antenne begonnen. In der "ordentlichen" Festinstallation am heimischen Haus, liegt zumindest ein Erdsystem für den Blitzschutz vor, welches Verbindung zum Erdreich herstellt.

Im Portabelfunkbetrieb wird das Zuleitungskabel zwischen Antenne und Funkgerät jedoch meist auf einem sehr direkten Weg ohne echten Bodenkontakt geführt. Befindet sich das Funkgerät zusätzlich noch im Inneren eines Fahrzeuges, wird jegliche Verbindung zum Boden durch die Reifen unterbrochen. Wichtig ist, zu berückstichtigen, dass Antennen mit dem Grund interagieren. Viele Antennen sind explizit auf Grundkontakt konstruiert und funktionieren ohne Bodenhaftung erst gar nicht. Die meisten

Antennen für CB-Funk sind so ausgelegt, dass man mangelhaften Grund-kontakt über die Anpassung weitestgehend "weg anpassen" kann und zu-mindest das SWR einstellbar bleibt. Es können jedoch "Grund-los" auch Nachteile im Betrieb entstehen, die unter bestimmten Umständen dann auffälliger werden.

Statische Aufladungen

Ein Problem, welches vor allem beim Betrieb aus dem Auto auf dem Berg auftritt, sind statische Aufladungen. Diese können bei manchen Antennen-formen in stärkerem Maße entstehen und bergen sogar Gefahren für das Funkgerät. Insbesondere davon betroffen sind Antennen ohne Erdschluss, also ohne Verbindung zwischen Strahler und Masse (DC-grounded). Zum Beispiel hat die, sehr oft portabel eingesetzte, T2LT/RFD-Antenne jedes Jahr einige Endstufen und RX-Eingänge auf dem Gewissen, denn es besteht keine Ableitung der Aufladungen in Richtung Masse. Die Kabel-masse selbst hat dann oftmals keinen Kontakt zum Grund, um irgendetwas gegen Erde ableiten zu können. So kann der beliebte Vertikaldipol zu einem Stromspeicher werden und die Ladung über das Koaxkabel zum Funkgerät gelangen. Solche Aufladungen geschehen in Verbindung mit bestimmten Wetterlagen, meist wenn Gewitter und Sturm entfernt vorbeiziehen. Bei di-rektem Gewitterbefall ist das Umlegen des GFK-Mastes beim Portabel-be-trieb selbstverständlich und das Rausziehen des Steckers Routine. Steigert sich aber das Energiepotenzial in der Luft nur langsam und das Wetter ble-ibt lokal unberührt, kann es zu eben diesen Aufladungen kommen. Besteht dabei dauerhafter Kontakt zum Gehäuse des Funkgerätes, bleibt dies meist unbemerkt und die Spannungen werden über die Masseverbindung weitest-gehend abgeleitet. Ist die Antenne jedoch kurzzeitig ganz von der Ableitung abgetrennt, können sich sehr hohe Spannungen aufbauen. Wird nun der Antennenstecker einer statisch geladenen Antenne (mit PL-Pin voran) in das Funkgerät gesteckt, kann eine Entladung in das Funkgerät auftreten und dort Beschädigungen verursachen. Es ist daher unbedingt ratsam, den PL-Stecker-Pin kurz auf Erde zu kontaktieren, bevor er in das Funkgerät eingesteckt wird. Sollte hierbei ein kleiner Funke enstehen, ist Vorsicht geboten. Wenn auch bei einer zweiten Massekontaktierung wieder Span-nung aufgebaut ist, sollte vom Funkbetrieb mit T2LT/RFD etc. abgesehen werden. Solche Wetterlagen gehen jedoch meist schnell vorüber.

Aber auch bei Antennen mit Masseschluss bleibt das Problem der mangelnden Ableitungsmöglichkeiten im Portabelbetrieb, denn ein direkter Erdkontakt besteht auch hier nicht. Obwohl besagte Wetterlagen recht selten vorkommen, kann man für längere Portabelaufbauten Vorsorge betreiben - das Wetter kann sich ändern. Wer nur für wenige Stunden bei gutem Wetter auf dem Berg ist, kann den Aufwand jedoch scheuen. Wohin jetzt also mit der unliebsamen Aufladung? Natürlich in den Gund. Schon ein kurzer Erdungsstab im Boden und ein einfaches kurzes Kabel von dort zur Antennenkabelmasse schaffen deutlich Abhilfe.

Hierbei geht es in keinster Weise um Blitzableitung, sondern nur um die Ableitung von statischer Aufladung! Bei Gewitter gilt es weiterhin den Schw... einzuziehen! Antennen mit Masseschluss bringen bei direktem Blitzeinschlag keinerlei Vorteile!

Der Punkt für eine Ableitung sollte, falls möglich, nahe der Antenne geschehen, also dort, wo das Koax vom Mast zum Boden gelangt. Hierzu kann eine Kupplung für das Verlängerungskabel dienen, auf deren Masse die Erdleitung kommt. Es gibt spezielle, wasserfeste Erdungsschellen, welche auf das Koaxkabel aufgebracht werden. Diese Schellen haben kleine Krallen, die sich zur Schirmung des Kabels kontaktieren, eine Gummidichtung verschließt die Stelle wieder. Nicht ganz billig - aber eine lohnende Anschaffung, insbesondere für aktive Bergfunker. Natürlich kann man sich sein Portabelkabel mit gutem Schrumpfschlauch und etwas Kabel auch selber bauen. *"Ich selbst nutze auf Spiegellänge bemessene Portabelkabel passend zum Mast, bei denen alles für die Erdkontaktierung vorbereitet ist. So ist es kaum Mehraufwand noch kurz den Erdspieß in die Erde zu bringen und bei längeren Aufenthalten die Kombination aus GFK-Mast und vertikalem Strahler frei von Aufladungen zu halten. Das schont Geräteeingang und oftmals auch die Ohren, denn Aufladungen machen sich durchaus auch im Empfang hörbar."*
Einen weiteren Weg zur Erde kann man zusätzlich über einen hochohmigen Widerstand bereit stellen. Dieser liegt als Brücke zwischen dem Innenleiter und der Schirmung des Antennenkabels. Der Widerstand ist zu hochohmig ($10k\Omega$), als dass über ihn HF abgeleitet wird. Statische Aufladungen hingegen können über ihn auf Masse abfließen. Am besten wird

die Ableitung in eine kleine, wasserfeste Metall-Box gebaut, das Koax in
dieser nur aufgetrennt, aber (um Verluste zu vermeiden) nicht unterbrochen und dann die Brücke mit dem Widerstand eingelötet. Sicherlich gibt
es durch dieses Hindernis im Signalweg kleine Verluste, jedoch ist bei
Antennenaufbauten mit hohem Aufladungspotenzial solch eine Ableitung manchmal sinvoll oder sogar unverzichtbar. Die Ableitbox kann zudem dann auch gleich als Erdungsbox am Fußpunkt der Antenne dienen
und die Masse wird hier mit dem Erdspieß verbunden.

Ein kleiner Spieß im Boden dient also bei längeren portabel Aktionen als
Sicherheitsbonus gegen Aufladungen. Einen Einfluss auf die Reichweite
wird er jedoch kaum alleine bewirken, denn für eine echte HF-Masse
ist die Kontaktfläche eines einzelnen Stabes zu gering. Viele Antennen
profitieren von einer Kontaktierung mit dem Erdreich. Diese erfolgt am
besten mit Bodenradialen, also Drähten, die am Boden liegen und mit
der HF-Masse Verbunden sind. Idealer Anschlusspunkt ist dann der Er-
dungsbodenspieß, also am Fuß des Mastes. Die Radiale gehen nun sternförmig vom Erdungspunkt weg und erzeugen einen flächigen Kontakt.
Dabei können die Drähte isoliert sein und das Kabel braucht nur locker
am Grund zu liegen. Für den Portabelaufbau reichen 4 bis 8 Radiale zu
ca. $\lambda\frac{1}{4}$.

Die Auswirkungen von Radialen hängen auch von der Antennenart ab. Es
gibt Antennen, die weniger erdgebunden arbeiten, andere widerum, die
förmlich nach Erdung schreien. Vertikale mittengespeiste Dipole, wie die
T2LT/RFD und die auf $\lambda\frac{5}{8}$ verlängerten GM-Clone, sind etwas weniger
auf direkten Erdkontakt angewiesen, als endgespeiste Antennen. Bei der
radiallosen Halbwelle z.B. ist der einzige Weg zur Erde das Koaxkabel,
wenn portabel ein (nicht leitender und geerdeter) GFK-Mast eingesetzt
wird. Eine Halbwelle ist aber nun mal nicht wirklich radiallos, sondern
sucht Bodenkontakt.

*"**W**as reinkommt, muß auch wieder raus können - eine Antenne ist kein
Faß ohne Boden."*

Erst durch die Interaktion mit dem Erdreich findet die Welle einen Fort-
satz im Grund und die Antenne erhält einen Erdstrahler unterhalb des
Mastes. Es profitieren praktisch alle Antennen von einem Radialnetz.

Ist der Unterschied merkbar und messbar? Das hängt stark vom Aufbauort und von der Antennenart ab. Auch machen sich Unterschiede zwischen ab- oder zugeschaltetem Erdnetz nicht überall gleichermaßen bemerkbar. In Tests mit zahlreichen Stationen ergeben sich in vielen Fällen keine merklichen Unterschiede zwischen den Schaltzuständen, jedoch bei einzelnen Stationen dann doch. Das zugeschaltete Erdnetz bringt bei einigen Stationen deutlich stärkere Signale. Die meisten Stationen werden auf direktem Weg über Bodenwelle oder einmalige Reflexion über Raumwelle erreicht. Stationen, die nicht in freier Direktverbindung liegen, können mit zugeschaltetem Bodennetz besser versorgt werden. Man kann also - an die Rundfunksender angelehnt - sagen, dass das Signal im Versorgungsgebiet gleichmäßiger stabil ist und dadurch mehr Empfänger erreicht werden.

Beispiel eines Portabelaufbaus mit Erdung und Radialen

"Wir sind in der Nähe der Küste und unter uns befindet sich ein riesiges Süßwasservorkommen. Gearbeitet wird hier vor allem mit Halbwellen und Antennen mit Masseschluss. Bei uns ergibt sich im Schnitt bei jeder 3. bis 5. Station ein Vorteil durch das Radialwerk am Boden und daher Grund genug, auf Erdkontakt zu gehen. Das kann unter abweichenden Aufbaubedingungen anders aussehen und bedeutet zusätzlichen Aufbauaufwand. Wenn der Mast jedoch länger als ein paar Stunden stehen soll, verwenden wir meist einen Erdungsspieß zur Ableitung von statischen Aufladungen. An diesem sind die Erdradiale fest angebracht und schnell ausgelegt, aber Achtung, Stolperfalle!"

Hobbyfunker sind keine kommerziellen Radiostationen, bei denen es ums Geldverdienen geht. Radiostationen sind darauf angewiesen, Versorgungslücken zu schließen und einen großen Radius sicher abzudecken, um Zuhörer zu bekommen. Es ist privater Ehrgeiz des Hobbyfunkers, das beste aus der Antennenanlage herauszuholen. Stationäre private Funkamateure betreiben schließlich auch oft einen erheblichen Erd-Aufwand, bevor sie den eigentlichen Antennenmast setzen. Nur, weil man portabel aufbaut, werden die Grundvoraussetzungen der guten Wellenausbreitung nicht ungültig, sondern vielmehr der Zeitfaktor beim Aufbau und der Einsatzwille des Funkers setzen hier die Grenzen.

Was passiert unter der Antenne - Bodeninteraktion selbst testen
Eine einfache Möglichkeit, die Welt unter der Antenne zu erforschen,
ergibt sich z.B. beim üblichen Stand-Mobil-Aufbau mit dem Fahrzeug.
Es wird ein Auffahrfuß aufgestellt und das Fahrzeug mit einem Reifen
darauf plaziert. An dem Auffahrfuß wird der GFK-Mast befestigt und die
Antenne daran ausgeschoben. Das Koaxkabel geht dabei direkt von der
Antenne in das Fahrzeug, dort zum SWR-Meter und dann zum Funkgerät.
Das Funkgerät hängt über die Bordspannung mit auf der Fahrzeugmasse.
Öffnet man nun alle Türen, Motorhaube und Kofferraum, kann sich eine
sichtbare Änderung im SWR-Verlauf ergeben - der Resonanzpunkt des
gesamten Aufbaus kann sich verschieben. Ursache ist, dass das ganze
Fahrzeug über die Minusleitung der Bordspannung zu einem Teil der An-
tenne wird und sich die HF-aktive Fläche unterhalb der Antenne verändert hat.

Auf Grundkontakt gehen
Bei erdhungrigen Antennen kann man diesen Grundkoppeleffekt sogar auf
freiem Feld beobachten. Hierfür reicht es oft schon aus, das Zuleitungskabel in einem großen Kreis unten um den GFK-Mast auf den Boden
zu legen, um Änderungen zu erreichen. Abhängig von Aufbauort und
Antennenform kann mit einfachen Tests die Interaktion mit dem Boden
erforscht und gegebenenfalls durch entsprechende portable Maßnahmen
verbessert werden. Ein sehr deutliches Beispiel liefert das sog. "Schleppradial" für Handfunkgeräte. Durch dieses verbessert man mit wenig Aufwand die Reichweite seines Handfunkgerätes - nur durch ein Stück Draht
am Boden, das mit der Gerätemasse verbunden wird. Für CB-Funk ergibt
sich eine Länge von ca. 2,70 Meter als Schleppradial.

Vergleicht man die Ausgangslage beim Handfunk mit der Aufbausituation beim Portabelaufbau (static portable), kann man durchaus feststellen, dass viele portable Antennenaufbauten sozusagen "mit einem Bein
in der Luft hängen" und nicht ihr volles Erdpotential nutzen. So finden
sich dann in der Antennenliteratur folglich Hinweise auf die positiven
Eigenschaften von Erdung und Bodenradialen. Auch in Aufbauanleitun-
gen für militärische Portabelantennen werden die Themen Erdung und
Radiale daher beschrieben.

Von Omas und Ur-Omas

Hat man einen guten Funkstandort gefunden, also möglichst hoch und frei von Bebauungen oder dichtem Bewuchs, eine gewinnbringende optimale Antenne an einem langen Mast aufgebaut und eine perfekt abgestimmte Funkanlage in Betrieb genommen, aber es klappt immer noch nicht mit der Verbindung, kann der Griff zur "Oma" folgen.

"Oma" ist das Pseudonym für einen Sendeverstärker mittlerer Leistung. Die Oma wird zwischen Antenne und Funkgerät eingefügt. An die Antennenbuchse der Oma wird die Antenne oder noch ein zwischengeschaltetes SWR-Meter angeschlossen. An die TRX-Buchse kommt ein kurzes Verbindungskabel (kurzes PL-PL-Kabel), welches mit dem Antennenausgang des Funkgerätes verbunden wird. Das Sendesignal des Funkgerätes wird in der Oma verstärkt und ein stärkeres Signal wird zur Antenne gesendet. Die Reichweite der Sendestation ist damit erhöht. Ein in der EU zugelassenes CB-Funkgerät hat 4 Watt Sendeleistung, die Oma macht daraus dann je nach Variante 100 bis 400 Watt. Das klingt erst einmal wahnsinnig hoch - doch hoch ist vor allem der Stromhunger, nicht jedoch der proportionale Reichweitengewinn. Soll an der Signalstärkeanzeige (S-Meter) der Gegenstation eine S-Stufe mehr Signal erreicht werden, muss die eigene Leistung jeweils vervierfacht werden. Um also vom 4-Watt-Signal aus eine S-Stufe mehr zu erreichen, müssen 16 Watt an die Antenne gehen. Eine weitere S-Stufe benötigt schon 64 Watt, die nächste 256 Watt. Um das mit einer weiteren S-Stufe zu toppen, sollten jetzt allerdings schon 1024 Watt bereitstehen. Das ist dann ein klarer Fall für die "Ur-Oma".

Stromhunger

Omas sind wahre Energieverschwender, denn sie arbeiten nicht sonderlich effizient. Das heißt, sie verheizen einen großen Teil der zugeführten Energie in abgestrahlte Wärme. Omas sehen aus wie Stachelschweine aus Kühlrippen, denn die Verlustwärme muss abtransportiert werden. Um den immensen Energiehunger einer Oma zu stillen, muss also eine ausreichende Energiequelle zur Verfügung stehen. Eine mittlere Oma (200 - 300 W) frisst bei stabilen 13,8 Volt gut und gerne bis zu 40 Ampere. Vergleicht man diese Werte mit der Autobatterie eines Kleinwagens (12 Volt, 40 Ah), erkennt der Stromrechner: Die Autobatterie würde theoretisch eine Stunde lang Saft für die Oma liefern. In der Praxis sieht die Rechnung allerdings anders aus. Normale Autobatterien liefern nicht lange die vollen 12 Volt. Mit fortschreitender Entladung sinkt die Ausgangsspannung drastisch ab. Liegt die Spannung unter 11 Volt, ist die Oma bereits unterversorgt und auch die Batterie kann bei Unterspannung Schaden nehmen. Damit verkürzt sich der Auftritt der Oma um fast die Hälfte der mit 40 Ah errechneten möglichen Sendezeit. Positiv fließt die Tatsache in die Rechnung ein, dass normaler Funkbetrieb nicht nur aus Sendezeit besteht, sondern aus einem Mischbetrieb aus Senden und Empfangen. Beim Empfang ist der Stromverbrauch natürlich geringer und die Gesamtrechnung der möglichen Funkzeit sieht wieder besser aus. Solange der Strom bei uns aus der Steckdose kommt, ist die Oma leicht versorgt. Soll die Oma von unterwegs auf Sendung gehen, muss ausreichend Saft mitgeschleppt werden. Wer schon einmal eine Autobatterie ausgebaut hat, kann sich vorstellen, wie schwer sich eine solche Saftkiste im Rucksack machen würde. Modernere Akkus (LiFePO4) sind nicht nur leichter, sie halten auch länger die Sollspannung. De facto kann sich die Oma an den neuen Akkus länger laben, bevor diese erschöpft sind. Was die Oma nicht richten kann, das schafft vielleicht die "Ur-Oma". Die Ur-Oma gehört zur Leistungsklasse ab 1 kWh, also 1000 Watt. Um solch eine Ur-Oma auf einem Funkausflug ausreichend zu versorgen, braucht es einen handfesten Stromerzeuger mit Benzin-, Gas- oder Dieselmotor. Mit ausreichend Sprit versorgt, kommt die Ur-Oma dann auch in einer heißen Funknacht über den Berg. Ob es nun wirklich sinnvoll ist, Oma oder Ur-Oma mit auf den Berg zu schleppen, hängt stark von den Ansprüchen und örtlichen Gegebenheiten ab. Ist mit kleinerer Ausrüstung, also Tante, Brenner oder ganz ohne Begleitung "älterer Damen" oder Heizmittel, ein besserer Funkstandort zu erreichen, sollte immer dem besseren Standort der Vorzug gegeben werden. Ein Plus an Höhenmetern macht sich wesentlich stärker durch Reichweitensteigerung bemerkbar. Durch den höheren Standort verbessert sich nicht nur die Abstrahlung des gesendeten Signals, sondern auch der Empfangsradius vergrößert sich erheblich. Wer nichts hört, kann noch so stark senden, er muss aber auch auf der Empfangsseite in der Lage sein, Gesprächspartner zu hören. Die einseitige Aufrüstung mit "weiblicher Verwandtschaft" ist also kontra-produktiv. Ein besserer Standort hingegen optimiert die Signalwerte für Aussendung und Empfang gleichermaßen. Es ist also möglich, mit einem leichten Marschgepäck und ohne Oma im Schlepptau, die Funkreichweite dadurch wesentlich zu erhöhen, dass man einen höheren Standort erklimmt. Mit zu schwerer Ausrüstung bleiben einem solche echten Verbesserungen verwehrt. Hier gilt es also Nutzen und Last genau abzuwiegen.

Oberwellen

Ein weiteres Problem mit den Omas ist: Sie sind nicht nur verschwen-derisch mit Energie, sondern verseuchen durch unerwünschte Neben-aussendungen mehr als nur die unmittelbare Nachbarschaft und können so den Ärger der BOS auf sich ziehen. Omas sind wahre Dreckschleudern, denn zusätzlich zur Aussendung auf der eigentlichen Frequenz erzeugen sie Oberwellen. Damit sind nicht etwa hohe und schrille Operngesänge gemeint, sondern hochfrequente Aussendungen auf höheren Frequenzen außerhalb der zugelassenen Bereiche. In den nicht für Jedermann zugelas-senen Bereichen tummeln sich andere Funkdienste, also auch Flug-, Mi-litär- und Polizeifunk. Treten in diesen Bereichen Störungen durch die Oma auf, ist dies oft der Beginn einer Hetzjagd auf die ältere Dame. Hier wird dann nicht nur der Messdienst aktiv, sondern im Fall von Störun-gen auf den Militärbereichen, auch das Militär. Es reicht dann schon ein einziger moderner Hubschrauber zur Ortung und Ausschaltung der Oma. Um die HF-Dreck schleudernde Oma zu zügeln, gibt es Filter. Mit einem Low-Pass-Filter werden nur Frequenzen unterhalb einer Grenzfrequenz durchgelassen. Alles, was oberhalb ausgeschleudert wird, wird im Filter zu Wärme umgesetzt und erreicht die Antenne nicht. Hochwertige Leis-tungsverstärker aus dem Profi- und Amateurfunk haben solche Filter be-reits ab Werk eingebaut, einfache Omas nicht.

Um die Nerven der Funknachbarn zu schonen, sollte man seine Oma also sicher im Griff haben, wenn sie schon unbedingt mit zum Funken will. Ein Low-Pass-Filter in der Antennenleitung als letztes Glied vor der Antenne ist bei ungezügelten Omas eigentlich Pflicht!
Stromkabel, Antennenkabel und letztendlich die Antenne selbst müssen der Leistung von Oma standhalten können - das bringt Gewicht.

Bild: Oma und Ur-Oma bereit für den Funkeinsatz – Leistungsverstärker: RM KL-503 und Ameritron al-572

SDR – mit dem Computer Funk abhören

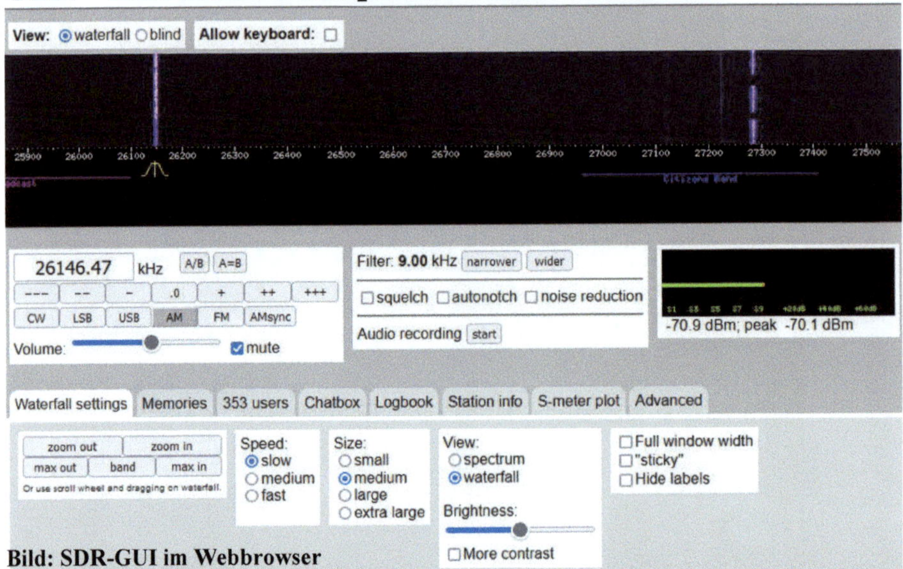

Bild: SDR-GUI im Webbrowser

Die Zeiten, als BOS-Funk Kanal für Kanal gescannt wurde, sind durch die Einführung der digitalen Funknetze längst vorbei. Trotzdem lauscht es sich heute so komfortabel wie nie zuvor, außer, man war bisher selbst professioneller Lauscher. Was lange Zeit nur zur Störüberwachung und beim Feindbelauschen möglich war, hat in Form von **SDR (Software Defined Radio)** und **Web-SDR** längst Einzug in den Hobbyfunkbereich gehalten: Die Kombination von Funkgerät mit dem Rechenpotential eines ausgewachsenen Computers. Auf dem Bildschirm lassen sich ganze Frequenzbereiche auf einmal überwachen, anstatt nur einzelne Frequenzen. Hierdurch hat man den kompletten Überblick darüber, wo gerade ein Signal gesendet wird. Optisch wird man dabei von einem sogenannten Wasserfalldiagramm unterstützt, das in einer fortlaufenden Grafik die Signale darstellt. Neben allen gängigen Modulationsarten können durch PlugIns auch digitale Betriebsarten decodiert werden. Zahlreiche Filterfunktionen stehen zur Verbesserung des Signals zur Auswahl und Funktionen für Logbuch und Aufzeichnung sind im direkten Zugriff. Auf WEB-SDRs ist der Zugriff über Internet möglich, ohne, dass man selbst Antenne und Empfänger besitzen muss. SDR Transceiver können als vollwertiges Funkgerät sogar auch senden. Das Thema SDR näher Anschauen lohnt sich auf jeden Fall!

Digitale Vefahren zur Datenübertragung per Funk

Das erste im Funk eingesetzte Verfahren, um das gesprochene Wort in Übertragungstöne zu wandeln, war die Morsetelegraphie. Sie war damit auch das erste bekannte Verfahren, um überhaupt Nachrichten fernzuübermitteln und wurde bereits lange Zeit vor dem Sprechfunk eingesetzt. Die Nachricht wurde meist mündlich diktiert und auf einen Zettel mit Absender- und Empfängerdaten notiert. Danach wurden die einzelnen Buchstaben als kurze und lange Töne gesendet. Auf der Empfängerseite wurden anhand der gehörten Tonfolgen (Zeichen ^{S}... ^{O}--- ^{S}...) wieder Buchstaben notiert. Diese Notiz ging dann an den adressierten Empfänger des Funktelegramms. Lange Zeit wurden diese Zeichen per Hand gegeben und nach Gehör decodiert, später dann auch automatisiert verarbeitet.

DIE INTERNETSTÖRUNG HAT UM 15:15 UHR BEGONNEN, DAS AUFRUFEN VON WEBSEITEN GEHT NICHT MEHR, EMAILS WERDEN NICHT MEHR ABGERUFEN ODER VERSENDET. UNSERE FESTNETZ-TELEFONE LAUFEN JA MITTLERWEILE NICHT MEHR ÜBER DIE KLASSISCHE TELEFONLEITUNG, SONDERN HÄNGEN ÜBER EIN IP-ADRESSSE AM STRANG DES INTERNETS UND SIND DAMIT AUCH SOFORT AUSSER BETRIEB. NICHT EINMAL DIE NOTRUFNUMMER IST ERREICHBAR, SONDERN DAS TELEFON BLEIBT KOMPLETT STUMM. ZUM GLÜCK GIBT ES JA NOCH DAS HANDY, DEREN MAST ÜBER IP-ADRESSE MIT DEN SIGNALEN VERSORGT WIRD, ACH SO ... GEHT HT AUCH NICHT MEHR! ES IST MITTLERWEILE 17:00 UHR, IM RADIO GAB ES BISHER KEINE MELDUNG, DAS INTERNET IST IMMER NOCH OFFLINE. UM 17:30 UHR KLINGELT ES AN DER TÜR, DIE FREIWILLIGE FEUERWEHR LÄUFT VON HAUS ZU HAUS UM DARÜBER ZU INFORMIEREN, DASS DER NOTRUF NICHT MEHR GEHT. VON DEN 20 ALARMGEBERN DER FEUERWEHRLEUTE HABEN 17 KEINEN ALARM AUSGELÖST, DA DAS SIGNAL PER INTERNET IN DEN ORTSKREIS KOMMT. AUCH DEN MODERNEN DIGITALEN FUNKGERÄTE DER FEUERWEHR KOMMT BEI DIESEM EINSATZ KEINE TRAGENDE ROLLE ZU, DENN DER VERSORGUNGSMAST DER ZUR FUNKTION GEBRAUCHT WIRD, BEKOMMT SEIN SIGNAL AUCH ÜBERS NETZ. ALSO WIRD ZU FUSS ALARMIERT UND EINE ZENTRALE FÜR NOTRUFE IN DER FEUERWEHRWACHE EINGERICHTET. BÜRGER KÖNNEN HIER ZWAR EINEN NOTRUF ABSETZEN, MÜSSEN DAZU ABER NATÜRLICH DIREKT BEI DER FEUERWACHE ERSCHEINEN. DIE WACHE SELBST HAT NATÜRLICH AUCH KEINEN DIREKTEN KONTAKT ZUR NÄCHSTEN LEITSTELLE, SONDERN EIN EINSATZFAHRZEUG MUSS ZUR WEITERLEITUNG DES NOTRUFES AUF DEN NÄCHSTEN BERG FAHREN. VON DORT IST ES DANN MÖGLICH, SICH IN DAS DIGITALE NETZ DER LEITSTELLE DIREKT EIN ZU WÄHLEN UND DIE NACHRICHT AB ZU SETZEN. GEGEN 19:30 UHR IST DIE STÖRUNG BEHOBEN UND ALLES GEHT WIEDER. UNSERE FEUERWEHRLEUTE KÖNNEN SICH NUN WIEDER PROBLEMLOS DIGITAL VOM DIENST ABMELDEN UND DEN REST DES ABENDS BEI INTERNET UND TV GENIESSEN. SOLLTE JETZT EIN ALARM REIN KOMMEN, SOLLTEN NUN AUCH ALLE 20 ALARMGEBER WIEDER SICHER FUNKTIONIEREN UND DIE FEUERWEHR ZEITIG HANDELN KÖNNEN.

Bild: *"Hellschreiben"*

Der *"Hellschreiber"* war das erste erfolgreiche Direktdruck-Übertragungssystem. Er wurde von *Rudolf Hell* erfunden und ist ein Fernschreibgerät, das Mitte des 20. Jahrhunderts auf besonders störanfälligen Übertragungswegen benutzt wurde. Das Prinzip wurde 1929 patentiert und sowohl für Funkübermittlung als auch über Kabel eingesetzt.

Packet Radio ist ein Verfahren zur digitalen Datenübertragung im Amateur- und CB-Funk. Die digitalen Informationen werden in kurzen Datenpaketen ausgesendet und beim Empfänger wieder zusammengesetzt. Dadurch können Rechner drahtlos und mit automatischer Fehlerkorrektur miteinander kommunizieren (AX25-Protokoll). Die Geschichte von Packet Radio reicht zurück in die 1960er Jahre, als die Rechner der Universität von Hawaii, die auf verschiedenen Inseln standen, per Funk miteinander verbunden wurden.

FT8 ist eine im Amateur- und CB-Funk benutzte digitale Betriebsart zur drahtlosen Kommunikation. Sie wird insbesondere auf Kurzwelle genutzt.

FT4 ist eine von FT8 abgeleitete Variante, die doppelt so schnell Daten überträgt und deshalb im Rahmen von Amateurfunkwettbewerben (Contests) beliebt ist. Eine Weiterentwicklung von FT8 folgte mit **JS8**. Im Unterschied zu FT8 ermöglicht JS8 die einfache Übermittlung kurzer, frei gestalteter Textnachrichten. Der Austausch persönlicher Nachrichten mit der Gegenstation steht im Vordergrund, vergleichbar mit den Chats in einem Instant Messenger.

ROS wurde 2010 vom spanischen Funkamateur *José Alberto Nieto Ros* (Amateurfunkrufzeichen EA5HVK) publiziert. Es eignet sich für schwierige Übertragungsverhältnisse, wie sie auf Kurzwelle oder bei Erde-Mond-Erde typisch sind (niedriges Signal-Rausch-Verhältnis und Mehrwegempfang). Das Signal kann noch dann decodiert werden, wenn es mehr als 30 dB schwächer als das Rauschen ist und daher vom menschlichen Ohr nicht mehr wahrgenommen werden kann.

Slow Scan Television (**SSTV**) ist eine analoge Betriebsart im Amateur- und CB-Funk und dient der Übertragung von Standbildern. Es werden Videosignale in, zur Helligkeit analoge, Töne umgewandelt, welche dann ausgesendet werden. Auf der Empfängerseite werden diese Signale zurückgewandelt und als Standbild auf einem Monitor sichtbar gemacht. Kamen so die Bilder vom Mond, oder kamen sie nur aus Hollywood?

Diese digitalen Übertragungsarten können zum Teil noch dann decodiert werden, wenn das gesprochene Wort nicht mehr verstanden werden kann. Somit können größere Reichweiten überbrückt werden. Durch

Fehlerkorrekturfunktionen wird ein Datenpaket so oft gesendet, bis es richtig angekommen ist. Die Datenraten sind sehr gering und die Übertragung kann bei Störungen lange dauern. Dafür ist unbemannter Betrieb möglich und die Anlage kann im 24-Stunden-Betrieb Daten senden und empfangen. Aufgrund der Fehlerkorrektur können Daten übertragen werden, die bei mündlicher Durchsage zu Fehlern führen könnten, z. B. lange Ziffernfolgen, die auf keinen Fall falsch verstanden werden dürfen. Das könnte insbesondere in Krisensituationen durchaus hilfreich sein.

VoIP (voice over IP) ist keine Funkanwendung, sondern dient der Übertragung von Stimmen über Internet. Als Funkersatz bei Antennenverbot können Apps genutzt werden, die die Funktion eines Funkgerätes nachahmen oder über ein Gateway sogar mit der Funkwelt verbinden können. Es gibt Geräte, die beides können - richtig funken und Stimme über das Internet Protokoll schicken. Bei Stromausfall droht aber IP-Funkstille.

Bild: duales Handmikrofon für CB-Funk und VoIP

Funkgeschichte

Bild links: Funkraum der Titanic im ursprünglichen Zustand (Computersimulation)
Bild rechts: Funkraum nach über 100 Jahren unter Wasser. aufgenommen von einem Tau-chroboter, *RMS Titanic Inc., U.S. District Court, Cameron Expedition - Com. Liz.* **- Pressefotos**

Dem ersten großen S.O.S. (CQD) folgte nicht nur ein Untergang, sondern der Anfang einer langen und erfolgreichen Funkgeschichte

Der Name Funk kommt von dem Funken, der bei den ersten Sendern in der Funkenstrecke übersprang. Durch die starken, oberwellenreichen Strom- und Spannunssimpulse entstanden die gewünschten Funkwellen. Wenn vom "ersten Funken, der um die Welt ging", gesprochen wird, steht ein Name weit vorne: *Guglielmo Marconi*. Auch *Heinrich Hertz* ist vielen ein Begriff, findet man seinen Namen heute noch als Einheit bei Frequenzangaben (Hz-Hertz, MHz-MegaHertz). Leicht gerät dabei das wahre Genie der drahtlosen Energieübertragung in den Hintergrund. Mindestens 11 seiner Entdeckungen und Patente sollten die Grundlage der nachfolgenden Entwicklung der Funktechnik werden. Nebenbei erfand er 1898 das erste funkgesteuerte Modellboot. Die Rede ist von dem Serben Nikola Tesla. Schon früh entwickelte er hunderte von Konzepten mit Wechselstrommotoren und Generatoren - doch damit nicht genug. Tesla wollte Strom in großen Mengen drahtlos übertragen, um jeden Ort der Welt auch ohne Kabel versorgen zu können. Mit seinen Hochspannungsexperimenten war Teslas Labor höchstwahrscheinlich die erste leistungsstarke Sendestation der Welt - eine Welt, in der das Radio noch nicht erfunden war. Tesla selbst war aber nicht so sehr an der Nachrichtenübertragung interessiert, viel zu klein war die Spannung auf der Empfängerseite. Die Erfindung stand bei Tesla stets im Vordergrund, nicht die Profitmaschinerie rund um Patente, Finanzierung und Kommerz.

Funken als soziales Hobby

In den Zeiten vor Social Media war CB-Funk viel mehr als nur Telefonersatz. Rund um die neue Jedermannfunktechnik entwickelten sich zahlreiche Aktivitäten. Sowohl spontane als auch organisierte Funkertreffen wurden abgehalten und Fuchsjagden veranstaltet. Bei der Fuchsjagd wird ein Sender versteckt und durch Anpeilen gesucht. Neben dem "Gesichts-QSO" (Funker, die sich von Angesicht zu Angesicht unterhalten) wurden auf den Treffen auch gebrauchte Gerätschaften im Rahmen von Funkerflohmärkten angeboten. Auch heute gibt es noch einige dieser Funkertreffen. Mittlerweile haben sich viele Funkertreffpunkte in die virtuelle Welt ver-

Bild: Funkertreffen für CB- und Amateurfunker

lagert. Funkgruppen auf Social-Media-Plattformen bieten einen Ort zum Austausch über das Hobby. In der Blütezeit des CB-Funks gab es noch zahlreiche Magazine, Werbebroschüren und Messen, um die neuesten Geräte und Zubehörteile mit feuchten Augen zu betrachten. Heute gibt es Funkblogs (*simonthewizard, etc.*), die Infos zu aktuellen Geräten liefern. Auf Videoplattformen findet man zahlreiche Reviews, Gerätetests und Tutorials zum Thema Funk. Zum Anfassen der Geräte bleiben heute oft nur die Funkfachgeschäfte.

Bild: CB-Funk-Magazine aus vergangenen Zeiten - heiße Frauen & harte Kerle

Funkclubs und DX-Gruppen

Die Organisation in vereinsähnlichen Strukturen hatte neben dem Zusammengehörigkeitsgefühl noch zwei weitere Beweggründe. Der erste Grund war die Zulassung von Funkgeräten für private "Funkhilfeclubs". Als privater Pannenhelfer durfte man die heiß begehrten ersten Mobilfunkgeräte nutzen. Damit war man der "King auf Band", denn die Geräte hatten, anstatt den damals erlaubten 0,5 Watt, beachtliche 1 Watt und es konnte ein privater Kanal für die "Pannenhilfe" genutzt werden. Der zweite Grund der Organisation war und ist bis heute der Zusammenschluss in DX-Gruppen. Jedes Land hat eine Landeskennzahl, die den Anfang des DX-Rufzeichens bildet. Als zweites folgt oft die Abkürzung einer DX-Gruppe und am Ende wieder Zahlen zur Unterscheidung. So erkennt man sofort, aus welchem Land eine Station gerade ruft und bekommt auch die Zugehörigkeit zu einer DX-Gruppe mitgeteilt. Um auf CB-Funk europaweite oder sogar weltweite Verbindungen zu führen, sind oft Geräte im Einsatz, welche die zulässige Leistung überschreiten und einen erweiterten Frequenzbereich haben. Um sich nun eine Sende-/ Empfangsbestätigung per Post schicken zu können, müssten Adresse und Name des Funkers für jeden hörbar über Funk vermittelt werden. Solche Daten gibt man aber natürlich nicht offen bekannt.

Hier dienen dann die DX-Gruppen als Postverteiler, das DX-Rufzeichen wird offen auf Funk genannt, echter Name und genaue Adresse sind aber nur dem QSL-Manager bekannt, der die QSL-Karten zentral entgegennimmt (Postfach) und sie dann an die Mitglieder weiterverteilt.

Bild: QSL-Karte

Auf der Vorderseite der QSL- Karten befinden sich oft lustige Grafiken und Sprüche. Die Rückseite gibt Auskunft über Uhrzeit, Datum, Signal und Qualitätswerte der Verbindung. Sie dienen auch als schriftlicher Verbindungsnachweis im DX-Funk.

Rundspruchsendungen

Zu festgelegten Zeiten ertönt eine Erkennungsmelodie und kündigt den aktuellen Funkrundspruch an. In den Hochzeiten des CB-Funks hatte praktisch jede größere Stadt eine Rundspruchstation. Ausgesendet werden diese Rundsprüche von sehr engagierten Funkern mit großer Liebe zum Hobby. Dazu werden "obergünstige" oder "oberkünftige" Standorte eingenommen und es wird von dort ausgestrahlt. Inhalt der Sendungen ist oft der Terminkalender für Funker. Wann gibt es ein Treffen, wann ist ein Funkflohmarkt, welche Neuheiten sind auf dem Markt sowie Neues aus der Gerüchteküche. Nach Beendigung des Rundspruchs bestätigen die Zuhörer den Empfang der Sendung. Auch heute gibt es tapfere Rundsprecher, die diese schöne Funktradition weiterhin fortsetzen. Es wird kein Sendetermin geschwänzt und bei Wind, Regen oder Schneegestöber aufgebaut und gesendet. Das Programm wird entweder am PC vorbereitet und geschnitten oder direkt live verlesen.

Funk-Contests

Bei einem Funk-Contest treten die Teilnehmer gegeneinander an. Es geht um die weiteste Verbindung und die Höchstzahl der Verbindungen. Die erstellten Logbücher werden von der Contestleitung ausgewertet und Sieger werden gekürt. Sponsoren stellen oft auch Sachpreise und bekommen im Gegenzug Werbung. Es gibt sogar weltweite Contests, die von DX-Gruppen initiiert werden. Die Auswertung erfolgt über das Online-DX-Cluster.

Funkstaffeln

Eine geheime Parole wird von Station zu Station weiter gegeben. Dabei wird das ganze Land von Nord nach Süd überbrückt und die Parole dann zurück zum Sender gereicht.

Kirchenfunk

Insbesondere in Nord-England wird CB-Funk zur Übertragung von Gottesdiensten genutzt. Jene, die nicht zur Andacht gehen können, lauschen per CB den heiligen Worten, die im Sommer auch bei uns ankommen. In den Sommermonaten, wenn die Bedingungen günstig sind, können unsere Signale - vice versa - auch in Nord-England gehört werden.

DX-Cluster

Im DX-Cluster führen Funker weltweit ein gemeinsames Onlinelogbuch.

Funkerflohmärkte

Bild: Wühltisch mit alten Funkschätzen

Bevor es Versteigerungsplattformen gab, waren Funkerflohmärkte der Ort zum Handel von gebrauchter Funktechnik. Hier konnte man die Schätzchen noch anfassen, testen und manchmal gleich vor Ort am Messplatz prüfen lassen. Auch boten die Märkte eine Austauschplattform für persönliche Kontakte, hörte man sich doch sonst meist nur über Funk. Einige der Flohmärkte finden heute weitehin statt.

Bild: Adapter und Stecker

Bild: ältere Rundspruchstation mit "IPod-touch" der ersten Generation

Mit einem Dauerschalter wird die Sendung aktiviert. Das Programm wird dann live eingesprochen oder vom Player abgespielt. Das Funkgerät hat anstatt des eingebauten Lautsprechers einen Ventilator gegen Überhitzung. Die Endstufe wurde intern mit Kühlkörpern ausgestattet, welche im Luftstrom des Ventilators sitzen. So ist ein Dauerbe-trieb mit 30 Watt FM und 10 Watt AM mit Swing auf 20 Watt möglich. Im Schalter sitzt eine kleine Audioanpassung, um den Audiofrequenzbereich auf Funk optimal auszunutzen. Bässe werden abgesenkt, Mitten leicht angehoben.

Tut Funken weh?

Es gibt Zeitgenossen, die schon beim bloßen Anblick einer Antenne über Migräne und Übelkeit klagen. Übel ist das auch für den Hobbyfunker, der gerade seine Antenne aufstellt. Peinlich wird es, wenn die Antenne bisher noch nicht einmal angeschlossen ist. Bei doppeltem Abstand sinkt die elektrische Feldstärke auf die Hälfte - von der Hobbyantenne geht wohl kaum Gefahr aus. Vor der "Handymastpanik" hatte kaum jemand Probleme mit den Abstrahlungen von Hobbyfunkern. Mit der gepulsten Strahlung von Handys und BOS-Funkmasten wurde uns aber scheinbar eine deutlich spürbarere Belastung aufgehalst, als der rein optische Effekt einer sichtbaren Antennenanlage. Neue Arraysyteme mit Chips aus dem fernen Ausland sind durchaus in der Lage, hoch energetische Strahlung auf den Punkt zu bringen. Ist man umgeben von solchen Array-Antennen für digitale Funknetze, sitzt man förmlich im Mikrowellengrill. Am wenigsten Abstand hat man aber zu seinem Mobiltelefon in der Jackentasche.

Egal, welcher neue Standard kommen wird, ob harmlos oder doch kriminell gefährlich, mit dem Handy tragen wir ihn immer unmittelbar in unserer Nähe.

Bild: HF-Strahlungsmessgerät mit Antenne

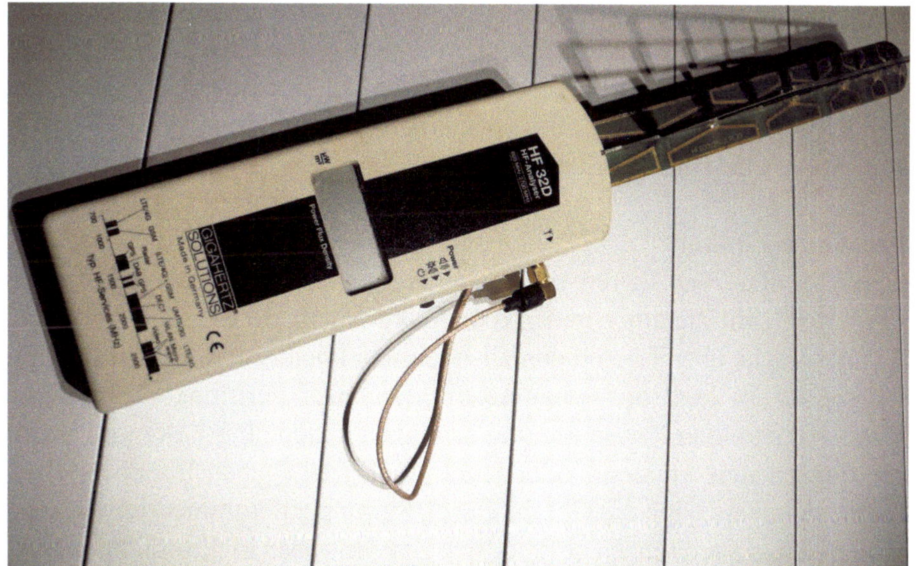

Piratenfunk

Früher wurden Bücher wie "Der Pirat und die Platine" als Kopie unter der Hand weitergegeben. Der Bau, Besitz und erst recht die Inbetriebnahme von Piratensendern standen unter hoher Strafe. Die Strafen sind heute nicht mehr ganz so drastisch und anstatt die geheimen Senderbaupläne auf selbst geätzte Platinen übertragen zu müssen, kann man die Sendetechnik heute zum Billigstpreis im Internet bestellen. Es gibt

Bild: Hüttendorf mit Piratensender

fertige UKW-Sender mit einer Ausgangsleistung von bis zu 50 Watt für sehr kleines Geld und fertig aufgebaut aus Fernost zu ordern. Wer mehr Leistung braucht, findet auch hier eine große Auswahl an Geräten, da der reine Besitz in vielen Ländern keine Straftat ist. Erst mit der Inbetriebnahme werden die Absichten des Besitzes als Unrecht gesehen, Geräte beschlagnahmt und Piraten bestraft. Vorausgesetzt, sie werden auf frischer Tat ertappt. Viele der Sendemodule und Fertiggeräte ermöglichen das Einspielen direkt vom USB-Stick oder lassen sich vom PC aus fernsteuern. Mit einer gewinnbringenden Antenne können so leicht ganze Stadtviertel mit Radiowellen versorgt werden. Der Stromverbrauch ist bei den neuen Sendern relativ gering, sodass auch ein autarker Betrieb über Solarzellen machbar ist.

Freeband-Funker

Schon in den 70er Jahren erkannten Funker das Potential von ausgemusterter Militärtechnik und Exportfunkgeräten. Da die Gebühren für Ferngespräche über Telefon damals noch sehr hoch waren, kamen findige Funker auf die Idee, auf unbenutzten Frequenzen Fernfunk als Telefonersatz zu betreiben. Diese Frequenzen lagen knapp ober- oder unterhalb der für privaten Amateur- oder Hobbyfunk freigegeben Bandbereiche. Damit reduzierte sich die Gefahr, durch Störung auf kommerziellen oder militärischen Frequenzen aufzufallen. Ein deutsches Elektronikkaufhaus hatte damals einen großen Posten alter Militärgeräte aufgekauft, um sie dann als Restposten im Katalog anzupreisen. Diese Geräte arbeiteten auf ehemaligen Militärfrequenzen, die in manchen Ländern kurz zuvor für CB-Funk frei gegeben wurden. Dank dieser Geräte konnten nun viele Fernarbeiter von ihrer Bohrinsel oder vom Kutter aus günstig nach Hause telefonieren. Zwar ist Telefonieren ist heute viel billiger geworden, aber das Freeband lebt weiter.

DX-Funker als Zeichen von Intelligenz?

Manch einer wird das vielleicht nicht ganz glauben wollen, aber beim Schmökern in "Geheimdienstakten" wird man zum Thema funkende In-

they chose to confuse call numbers and the published location of stations, this would be difficult or impossible for hams to spot from the US, since it would require more precise direction-finding antennae than is available to the ordinary DXer.

3. Interestingly, it is known that there is a definite correlation between the number of DXers or high-powered radio stations in an area and the technical "goings on" within that area. A correlation curve can in fact be developed between the location of such stations and the presence of activities requiring engineers, electronics specialists, and physicists -- for these are the specialists most active in amateur long-range radio-telephone communication. Since the operation of these stations calls for a good deal of technical capability and equipment, this fact in itself demonstrates a high level of capability on the part of the operator. And since "ham" activities are normally extra-curricular, the operator is of course utilizing his professional capabilities somewhere nearby. To illustrate, in 1946-47, ▮▮▮ (without any checking with other DX operators) noted a considerable number of new CQ-5 prefixes, indicating the establishment of five or six new DX stations in the Leopoldville area of the Belgian Congo. Knowing of the correlation between DX station operators and industrial or technical research activities, it was of course easy to quickly spot the general degree of activity and the importance of the mining of fissionable materials somewhere near Leopoldville. ▮▮▮ there is no reason why this general correlation is not equally true for the USSR. The transfer of particular stations and operators from one area to another, or their concentration would seem to me to have definite implications, as a cause for intelligence curiosity and perhaps also as a partial confirmation of other inconclusive indicators or rumors.

4. The reported relaxation of the Soviet ban on DX communication with the US in the near future, may also, of course, have some military, training, or even intelligence significance. ▮▮▮ well known fact that in the US, the military services are the "hams" best friend. Were it not for their recognition

Bild: Auszüge aus Geheimdienstakten

telligenz tatsächlich fündig. In der Zeit direkt nach dem WW2 erfuhr der Hobbyfunk einen rapiden Aufstieg. Funkamateure aus der ganzen Welt machten sich die Erfahrungen und Entwicklungen in der HF-Technik zu Nutze, die die Kriegsforschung mit sich brachte. Auch die Verfügbarkeit von jetzt zum Teil nutzloser, in Serie hergestellter Militärtechnik erleichterte die Bauteilbeschaffung, insbesondere von brauchbaren Röhren, enorm. So waren es vor allem die Hobbyfunker, die einen großen Einfluss auf die Entwicklung der aufkeimenden kommerziellen

Nutzung von Funktechnik hatten. Sie verkleinerten die Geräte für ihre privaten Anwendungen, vereinfachten die Bedienung und erhöhten die Betriebssicherheit durch Eigenentwicklungen wie quarzgetaktete Schaltungen. In den darauf folgenden Jahren gab es viele neue kommerzielle Funkanwendungen und Schaltungsentwicklungen, deren Ursprung in der Pionierarbeit von privaten Funkern lag. Auch resultierte daraus eine ständig wachsende Anzahl von Anbietern für die Hobbyfunktechnik und etliche, zum Teil heute noch bestehende, Unternehmen haben ihre Wurzeln in dieser Zeit.

Funken im kalten Krieg

Diese erste kurze Blüte der privaten Funknutzung erfuhr jedoch schon Mitte der 1950er Jahre eine starke, weltweite Beschneidung. Der aufkeimende "Kalte Krieg" spaltete die Völkergemeinschaft wieder in tief verfeindete Lager. Dies hatte natürlich einen gravierenden Einfluss auf den privaten Funk. Funkamateure weltweit hatten sich auf die Sprache Englisch als QSO-Abwicklungssprache geeinigt und waren munter dabei, ihr neu erlangtes Wissen in der Gemeinde der Funker weltweit zu teilen. Den politischen Gegnern konnte dieser Informationsfluss, der auch einen "Eisernen Vorhang" zu durchdringen vermochte, natürlich nicht Recht sein. Als Folge wurde die völkerübergreifende Kommunikation zwischen Feindesländern strikt verboten. DX-Contests durften nur noch innerhalb der eigenen Reihen oder Landesgrenzen stattfinden und gemeldete Funkamateure haben sich natürlich daran gehalten.

Die Anfänge von CB-Funk

Mitte der 1970er Jahre bestrahlte eine neue Fraktion von Hobbyfunkern zunehmend den Bereich um 27MHz im 11 Meter Band. Die Geräte waren damals teilweise Brotkasten groß, recht teuer und hatten wenige Kanäle. Mit der staatlichen Freigabe von 12 Kanälen (AM 0,5 Watt) wurde ein neues Zeitalter der drahtlosen Bürgerkommunikation geboren. Jedermann konnte jetzt mobil funken, so wie es vorher nur Behörden und Lizenzträgern genehmigt war. Mit der Freigabe von Heimstationen und Dachantennen folgte ein regelrechter Boom auf diesen neuen Bürgerfunk und bald waren die wenigen frei gegebenen Kanäle bis zum Rand voll und auf den Hausdächern reihten sich die Antennen dicht an dicht aneinander.

In dieser Zeit entdeckte auch die reisende Arbeiterschaft die Vorzüge der privaten drahtlosen Kommunikation. Konnte man doch mit modifizierten Geräten kostenlos den Kontakt zum Heimat-QTH halten. Saisonarbeiter, z. B. in der Ölförderung, waren oft monatelang von der Heimatkommunikation abgeschlossen, Ferngespräche über Funk-zu-Telefon waren limitiert und teuer und das Satellitentelefon noch in Entwicklung. So war es nicht besonders verwunderlich, dass technisch gebildete Arbeiter als Piratenfunker aktiv wurden. Auch hier waren es wieder ausgemusterte Militärtechnik (von *Conrad*) und natürlich die ersten Exportgeräte, die oft unter der Ladentheke gehandelt wurden und als Langstreckenfunkgeräte Einsatz fanden.

Spionage per Funk

Spätestens hier fragt sich der gesetzestreue Bürger: "Und was hat das jetzt mit Intelligenz zu tun?"
In einer Zeit, in der höchstens ein paar Sputniks piepsend durchs All flogen, war eine globale Überwachung von Feindtätigkeit natürlich noch nicht möglich. Neben militärischen Bewegungen galt ein besonderes Interesse dem wissenschaftlichen und wirtschaftlichen Stand des Kontrahenten. Dass man über die Funktätigkeit in einem Land vieles über seinen Gegner herausbekommen konnte, haben schon die vergangenen Kriegserfahrungen gezeigt. So wurden die Funkfrequenzen von allen Seiten systematisch belauscht.

Aus Geheimdienstakten übersetzt:

"Interessanterweise ist festzustellen, dass ein bestimmter Zusammenhang zwischen der Anzahl der DXer oder Hochleistungsstationen in einem Gebiet und dem technischen Fortschritt innerhalb dieses Bereichs besteht. Es kann tatsächlich eine Korrelationskurve zwischen dem Standort solcher Stationen und der Anwesenheit von Tätigkeiten entwickelt werden, die Ingenieure, Elektronikspezialisten und Physiker erfordern."

Was soviel bedeutet wie: "Wo sich DX-Funker tummeln, besteht eine Ansammlung von Intelligenz. Wo eine Ansammlung von Intelligenz ist, besteht eine fortschrittliche Entwicklung ... also besser Auge drauf halten!" (Quelle: freigebene Geheimdienstakten)

Bild oben: FM-Radiosender mit Endstufe und MP3-Einspieler (12V)
Bild unten: selbst gebaute Portabelsendeantenne für UKW-Radio

Freifunknetzwerke

Freifunk ist eine nichtkommerzielle Initiative und widmet sich dem Aufbau und Betrieb eines freien Funknetzes, das aus selbstverwalteten, lokalen Computernetzwerken besteht. Im deutschen Sprachraum hat die Initiative ihren Ursprung in Berlin. Freie Netze werden von immer mehr Menschen in Eigenregie aufgebaut und gewartet. Jeder stellt seinen WLAN-Router für den Datentransfer der anderen zur Verfügung. So entsteht eine freie Infrastruktur. Fällt das Internet aus, geht der Freifunk weiter. In vielen größeren Städten gibt es Freifunkgruppen mit sehr vielen Teilnehmern. Es können nicht nur Nachrichten quer durch die Stadt geschickt werden, sondern auch ganze Dateiordner mit Bildern, Filmen und Spielen können für das Netzwerk oder gezielte Nutzergruppen freigegeben werden. So kommt auch bei Internetausfall keine Langeweile am Rechner auf und die Zensur bleibt außen vor.

LoRaWAN (steht für *Long Range Wide Area Network*) und bedeutet bzw. ermöglicht ein energieeffizientes Senden von Daten über lange Strecken. Die passenden Sende- und Empfangsmodule sind extrem klein und energiesparend aufgebaut. Diese Module sind von Haus aus schon mit vielen Schnittstellen und Funktionen bestückt. So lassen sich bereits an die günstigsten Module Displays anschließen und verschlüsselte Kurznachrichten versenden. Überwachungsaufgaben, Fernsteuerung und Fernmessungen sind die eigentlich angedachten Aufgabenbereiche, aber findige Bastler haben LoRa längst für sich entdeckt und eigene Anwendungen konzipiert. Die Anbindung zu Freifunknetzwerken ist da nur einer der Gedanken. LoRa ermöglicht es auf sehr günstigem Weg, eigene Geräte zu entwi-ckeln, da die Module schon in großer Zahl auf dem Markt sind und viele Anwendungsbereiche bereits abdecken.
Ein Beispiel einer Anwendung ist der **"Doomsday Messenger"**, ein kleiner Minicomputer mit Linux-Betriebssystem und LoRaWAN. Er passt in jede Tasche und sein Stromverbrauch ist extrem gering. Über ein kleines Display können Hackingattacken programmiert und Nachrichten angezeigt werden. Er hat eine vollständige Minitastatur und ist in einem zombisicheren Gehäuse untergebracht. Durch die zahlreichen Schnitt stellen findet er schnell Kontakt zu anderen Geräten.

Buschfunk im Outback

Gute **Buschfunkgeräte** kommen aus Australien – die primären Einsatzgebiete waren und sind die Outback- und Buschkommunikation jenseits der Handynetze. Zwar hat sich mittlerweile die Satellitentelefonie weiterentwickelt und ist günstiger geworden, aber auch in den 2020er Jahren ist man auf sichere Kommunikation über bodengestützten Kurzwellenfunk angewiesen, wenn man sich außerhalb der Zivilisation bewegt. Die Geräte aus Australien haben sich einen guten Ruf bei Forst- und Feuerwacht gemacht. Darüber hinaus sind sie weltweit ein Standard bei Rotkreuz-Auslandseinsätzen und in vielen UN-Fahrzeugen montiert. Diese Geräteart bedient das Profisegment zwischen Betriebsfunkgerät und Militärstandard. Geräte dieser Klasse fallen etwas leichter aus, als vergleichbare Militärtechnik, sind aber deutlich über dem normalen Betriebsfunkstandard angesiedelt. Alles ist sehr stabil ausgeführt und jede Baugruppe hat ihre eigenen Schutzfunktionen, um effektiv einen „elektrischen Flächenbrand" im Störfall zu verhindern.

CB-Funk im Busch

Dreht man die Zeit gut 20 bis 30 Jahre zurück, hatte CB-Funk in vielen Ländern eine wichtige Funktion und wurde nicht nur zur einfachen Kommunikation zwischen privaten Bürgern genutzt. Auch im Notfall wurde auf CB- oder Buschfunkgeräte zum Absetzen eines Hilferufs zurückgegriffen. In manchen Gegenden konnte (und kann) man mit dem Sheriff oder Ranger über Funk quatschen und Hilfe rufen oder einen Waldbrand melden. Die Geräte sind meist auch zur Datenfernübertragung bestens gerüstet, können Antennen fernsteuern und verstehen selbst Fernsteuerkommandos über Schnittstellen. Es stehen verschiedene Selektivrufvarianten mit Kennungssendung, ALE (automatischer Verbindungsaufbau) und über Erweiterungen auch GPS-Postitionsaussendung zur Option. Die modernsten Geräte dieser Art sind optisch kaum noch von einem normalen Mobiltelefon (Festeinbau) zu unterscheiden und bieten - je nach Ausstattung und Funknetz - ähnliche Funktionen. Auch eine Weiterleitung in das Telefonnetz ist meistens möglich. Private Personen zahlen eine Nutzungsgebühr, ähnlich der Handytarife, an einen Funknetzanbieter und können so aus dem Outback kommunizieren oder Hilfe rufen.

Bild: Funkgerät Codan 9360 SSB Transceiver (130 Watt)

Codan aus Australien hat eine lange Tradition als Hersteller von Funkgeräten für harte Einsatzbedingungen. Alte Modelle sind bei Sammlern begehrt und machen auch heute als Notfunkgerät noch einen guten Job. Das abgebildete Gerät ist seit 1999 im Dauereinsatz und verfügt über einen CB-Funk-Modus.

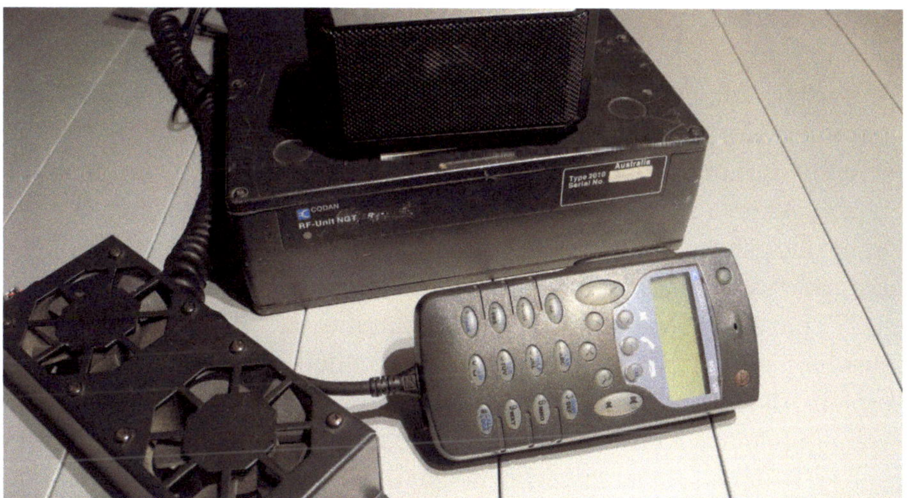

Bild: Funkgerät Codan NGT 2010 mit optionalem Lüftersatz

Das als Blackbox ausgeführte Gerät ist ein modernerer Nachfolger des 9360 SSB. Die Technik sitzt in einer schwarzen Kiste, die komfortable Bedienung und alle Anzeigen erfolgen über das Handbedienteil. Geräte ab dieser Generation verfügen über einen DSP-Störungsfilter.

Fehlersuche bei Funkgeräten

👍Schlechtes SWR - mangelhafte Antennenanpassung

Gerade Anfängern bereitet die Einstellung der Antennenlänge oftmals die meisten Probleme. Ist die Antenne zu kurz oder zu lang, ist das Stehwellenverhältnis (SWR) schlecht und die Antenne strahlt die Leistung nicht vollständig ab. Auch kann durch ein schlechtes SWR das Funkgerät beschädigt werden. Dabei darf man die Antenne nicht als einfache isolierte Komponente sehen, denn sie kann von äußeren Faktoren stark beeinflusst werden. Es dürfen keine Metallgegenstände in der Nähe der Funkantenne stehen, denn diese beeinflussen drahtlos die Anpassung der Antenne - und das sogar noch über einige Entfernung. Steht die Antenne frei und lässt sich immer noch nicht abstimmen, sollten alle Kabel überprüft werden. Verdreckte Kontaktstellen oder nicht ganz eingesteckte PL-Stecker können die SWR-Messung beeinflussen. Durch Knicke können sich die inneren Werte von Antennenkabeln verändern - solche Kabel müssen ersetzt werden. Billige Stecker neigen zu Problemen mit dem Massekontakt. Fehlender oder mangelhafter Massekontakt schlägt sich immer in einem unbrauchbaren SWR nieder. Antennen für den Fahrzeugeinbau beziehen die Karosserie des Fahrzeuges mit in das Antennensystem ein. Die Verbindung zum Metall des Fahrzeuges erfolgt am Antennenfuß. Ist hier kein guter Kontakt, fehlt der Antenne die Fahrzeugmasse und sie kann nicht abgestimmt werden. Betreibt man eine Fahrzeugantenne ohne die Fahrzeugmasse, muss diese durch berechnete Radiale (speichenförmige Drähte ausgehend vom Antennenfuß) ersetzt werden. Für CB-Funk können hier zwei bis vier einfache Lautsprecherkabel mit einer Länge von ca. 272 cm an den Masseanschluss geklemmt werden. Bei Plastikdächern muss ein Massekabel zum nächsten Metallteil der Karosserie gelegt werden. Als Ersatzlösung gibt es auch masselose Antennen für Boote und Wohnmobile aus Kunststoff. Zur Korrektur von Anpassungsfehlern gibt es für CB-Funk sogenannte Matchboxen. Diese verbessern aber nur den gemessenen Wert und nicht das eigentliche Problem der Antenne. Die Endstufe des Funkgerätes kann durch den Einsatz einer Matchbox zwar geschont werden, die Fehlanpassung der Antenne besteht aber trotzdem. Daher bringt ein gematchtes SWR keine bessere Reichweite. Für Monoband-betrieb ist ein Matcher unnötig und frisst sogar Leistung.

👍 *Gerät ist eingeschaltet - kein Ton zu hören*

Als erstes müssen die Einstellungen des Funkgerätes überprüft werden! Ist der Lautstärkeregler weit genug aufgedreht? Ist die Rauschsperre aktiviert und hat einen sehr hohen Wert? Die Rauschsperre muss zum Testen immer komplett ausgeschaltet sein! Sind Regler oder Schalter verschmutzt, können Kontaktprobleme die Ursache sein. Auch im Handmikrofon sitzt oft ein Schalter, der zwischen Lautsprecher und Mikrofonbetrieb schaltet. Ist dieser defekt oder schmutzig, bleibt das Gerät stumm (modellabhängig). Viele Geräte bieten einen Anschluss für externe Lautsprecher. Beim Einstecken eines Steckers wird der interne Lautspre-cher abgeschaltet und das Tonsignal nur noch an den Zusatzlautsprecher geleitet. Auch hier sitzt ein kleiner Schalter, der verschmutzen kann. Oftmals wird auch der Kontakt dieses Schalters durch etwas dickere Stecker überbogen und führt zum Ausfall des Tons. Durch leichtes Zurückbiegen kann das behoben werden. In seltenen Fällen ist auch der Lautsprecher defekt, das kann man dann mit einem externen Lautsprecher testen. Wa-ren diese Tests erfolglos, sollte der NF-Transistor ausgemessen werden. Einige Geräte haben einen Regler für die Empfindlichkeit des Empfängers, zu starke Signale können damit gedämpft werden, um den Empfänger zu entlasten. Ist dieser Regler (RF-Gain) in der falschen Stellung, kommen nur noch sehr starke Signale hörbar aus dem Lautsprecher. Der Regler ist bei den meisten Geräten auf Rechtsanschlag zu drehen, um volles Signal zu liefern. Sehr starke Sender in der Nachbarschaft können den Empfangspegel negativ beeinflussen und das eigentliche Nutzsignal absenken.

👍 *Elkos*

Bei älteren Geräten trocknen die Kondensatoren (Elko = Elektrolytkondensator mit flüssigen Elektrolyten) mit der Zeit aus und die Wiedergabe kann dadurch immer leiser werden - hier hilft nur Austausch der defekten Bauteile. Defekte Elkos erkennt man oft schon mit dem Auge auf Sichtprüfung. Sie können auslaufen und hinterlassen rundherum Spuren oder der Deckel wölbt sich nach oben.

👍 *Kalte Lötstellen*

Als Folge einer schlechten Lötung können "kalte Lötstellen" entstehen. Diese leiten noch eine Zeit lang ohne Probleme Strom oder Tonsignale weiter, bis sie plötzlich zu einer Unterbrechung werden. Es gilt auf Sichtprüfung nachzulöten oder die ganze Lötseite mit dem Heißluftfön zu behandeln. Temperaturkritische Bauteile können mit kleinen Alu- oder Teflonstreifen geschützt werden. Insbesondere die Lötpins von ICs sollten nicht zu heiß werden. Wenn mit dem Lötkolben an ICs nachgearbeitet wird, sollte der Lötkolben geerdet sein, um statische Aufladungen abzuleiten. ICs mögen solche Entladungen nicht!

👍 *Ausgetrocknete Wärmeleitpaste*

Einige Bauteile in einem Funkgerät erzeugen viel Hitze. Diese Bauteile brauchen einen Kühlkörper, um die Hitze abzugeben. Der Übergang von Bauteil zu Kühlkörper wird zur besseren Wärmeleitung mit Wärmeleitpaste bestrichen. Diese Paste kann austrocknen und dadurch die Wärmeleitfähigkeit verlieren. Insbesondere heiß gefunkte Geräte zeigen dann Ausfallerscheinungen - Wärmeleitpaste erneuern!

👍 *Mit Kältespray* kann man gezielt heiße Bauteile abkühlen und so den Fehler einkreisen. Mit einem Fön kann man gezielt Bauteile erhitzen.

👍 *Schalter oder Regler erzeugen krachende Geräusche*

Dreck und Oxidschichten vermindern die Leitfähigkeit von Kontaktstellen. Hier hilft nur das Reinigen mit hochwertiger Kontaktchemie oder ein Ersatzbauteil. Einfaches Einsprühen mit billigen Kontaktsprays aus dem Baummarkt bringt meist nur kurze Besserung. Die Kontaktflächen werden durch die ätzenden Sprays angegriffen und bilden dann einen optimalen Ansatz für neue Dreck- und Oxidschichten.

👍 *Alte Quarze*

Quarze geben den Takt vor, sie bestimmen die Arbeitsfrequenz. Durch Alterung können Quarze ihre Werte ändern und damit auch alle Werte des Funkgerätes beeinflussen. Hier muss an den Messpunkten die Frequenz nachgemessen und gegebenenfalls der Quarz ersetzt werden.

👍 *Zu wenig Spannung oder Ampere - es brummt*

Viele Funkanfänger versuchen das Unmögliche, nämlich mit dem alten Eisenbahntrafo das Funkgerät zu versorgen. (CB-)Funkgeräte brauchen eine saubere Gleichspannung von 12 - 13,8 Volt. Einfache Ladegeräte oder Modellbahntrafos liefern diese nicht und es brummt. Die Spannung darf auch im Sendefall nicht einbrechen, die Spannungsquelle muss ausreichend Strom A (Ampere) liefern können. Kommt nicht genug "Saft" von der Quelle, werden beim Senden die Anzeigen dunkel oder das Gerät sendet erst gar nicht. Bei SSB-Modulation leiert die Stimme wie Micky-Mouse. Abhilfe schafft hier nur eine bessere Stromquelle!

✋ *Handfunkgerät geht nicht an oder bringt wenig Leistung*

Akkus oder Batterien verbleiben oft lange Zeit unbeobachtet im Batteriefach des Gerätes. Leider gibt es immer noch Zellen, die auslaufen können und so die Kontakte zerstören. Bleibt dies unbemerkt, werden die Kontaktstellen nach und nach zerfressen und mit einer Oxidschicht überzogen. Hier muss das komplette Batteriefach mit allen Kontakten überprüft werden. Durch die Reihenschaltung der Zellen ergibt sich eine große Anzahl an Presskontaktstellen, die in ihrer Summe einen Gesamtwiderstand in der Spannungsversorgung darstellen.

✋ *Das Funkgerät lässt sich nicht einschalten - die Sicherung ist durch*

Wird das Funkgerät versehentlich verpolt angeschlossen, liegt der Pluspol an jener Seite der Elektronik an, an der größtmöglicher Schaden entstehen kann. Der Strom fließt dann im Rückwärtsgang praktisch ungefiltert zu allen wichtigen Bauteilen. Um das zu verhindern, wird in den meisten Geräten eine Verpolungsschutzdiode verbaut. Kommt Plus nun durch Verpolung über die Minusleitung, wird die Diode leitend und schließt in Richtung Pluszuleitung kurz. Dadurch fließt ein höherer Strom, als durch die Sicherung abgesichert ist. Die (hoffentlich passende) flinke Sicherung brennt dann durch und der Strom wird unterbrochen. Mit einer neuen Schutzdiode und passender flinker Sicherung kann das Gerät oftmals wieder zum Leben erweckt werden. Zeigt das Display komische Zeichen an, ist der Steuerchip kaputt. Brennt die Sicherung wieder durch, liegt der Fehler tiefer. Auch kaputte Leistungstransistoren in der Endstufe erzeugen oft einen Kurzschluss direkt auf der 12-Volt-Zuleitung. Ein Kurzschluss der Endstufe lässt sich mit dem Multimeter, meist schon bei noch eingebauten Transistoren, an den Pins messen

👍 *Das Gerät geht an, hat aber nur Teilfunktion*

Viele der Bauteile in einem Funkgerät hängen nicht direkt an der Versorgungsspannung, da sie nur eine niedrigere Spannung verkraften. Durch Spannungsregler wird aus den am Gerät anliegenden 12 Volt dann diese niedrigere Spannung (z.B. 6 Volt) bereitgestellt. Hat ein solcher Spannungsregler einen Defekt, liefert er die 6 Volt nicht mehr an die Baugruppe, für die er bestimmt ist. Die Folge ist: Diese Baugruppe fällt aus und damit auch Teilfunktionen des Funkgerätes. In Funkgeräten werden oft weitere unterschiedliche Spannungen gebraucht, abhängig von der zu versorgenden Elektronik. Da diese bestimmten Spannungen häufig in der Elektronik vorkommen, gibt es Festspannungsregler, die gleich mehrere unterschiedliche dieser Spannungen aus einem Bauteil liefern. Im Gehäuse stecken aber weiterhin einzelne Spannungsregler für die auszugebenden Spannungen. Bei solchen Mehrfachspannungsreglern kann es zu einem Teildefekt kommen, wenn einer der Regler kaputt geht. In diesem Fall muss der ganze Multifestspannungsregler getauscht werden, damit auch das Gerät wieder vollständig funktioniert. In den Serviceunterlagen finden sich oft Angaben über Messpunkte zu den einzelnen Spannungssträngen im Gerät. Ist ein Strang ohne die Sollspannung, ist meist der Spannungsregler defekt oder der Strang an anderer Stelle unterbrochen. Da sich auch an weiteren Stellen im Funkgerät solche Spannungsregler befinden, sind diese immer bei der Fehlersuche mitzubedenken. Bei Überspannung gehen die Teile, welche direkt an der Zuleitung hängen, sofort kaputt. Teile, die mit niedrigerer Spannung arbeiten, haben einen vorgeschalteten Festspannungsregler, der dann als Opfer dient und die Überspannung - hoffentlich - abfängt, bevor Schäden entstehen.

👍 *Extrem starke Störungen des Empfangs*

Ist die Umgebung frei von anderen Sendern, die das eigene Gerät beeinträchtigen könnten, kann die Ursache von starken Störungen auch in der eigenen Kette zu finden sein. Billige Schaltnetzteile senden oft unerwünschte Hochfrequenz aus. LED-Lampen, PLC und andere Geräte am gleichen Stromnetz können Ursache sein. Daher gilt: "Zur Überprüfung alles stromlos schalten und nur auf reinen Batteriebetrieb gehen!"

✋ *Trenntrafo*

Netztrenntransformatoren werden eingesetzt, um Energienetze voneinander zu trennen. Der Einsatz erfolgt oft in Werkstätten und Laboratorien, um etwa Reparaturarbeiten und Experimente ungefährdet durchführen zu können und die Gefahr eines Stromschlages oder Geräteschadens zu verringern.

✋ *12-Volt-Glühbirne*

Eine alte Autoglühbirne (nicht Halogen!) kann in Reihe zum 12-Volt-Stromkreis geschaltet werden. Brennt die Lampe in voller Helligkeit, liegt ein Kurzschluss vor. Die Lampe stellt in diesem Fall einen Ersatzverbraucher als Sicherung dar. Brennt die Lampe schwach, liegt kein Kurzschluss vor, aber Widerstand im Gerät. Bei keinem Licht liegt eine Unterbrechung vor.

✋ *Das Gerät liegt neben der Frequenz*

Insbesondere ältere Geräte können nicht nur an trockenen Elkos erkranken, sondern auch die Taktgeberquarze altern und verändern dadurch ihre Werte. Selbst in modernen Geräten geben diese geschliffenen Kristalle die Frequenz an. Ist der Quarz der Frequenzaufbereitung außer Takt, stimmt auch die Kanallage nicht mehr. Neben dem PL-Chip der Frequenzaufbereitung befindet sich ein kleiner "Trimmpoti", mit dem die Frequenz nachgezogen werden kann. Reicht das nicht aus, ist der Quarz gealtert und sollte ersetzt werden. Hilft auch das nicht, ist oftmals ein trockener Elko schuld und die PL läuft mit Unterspannung. Bei modernen Geräten finden sich keine solchen Trimmpotis mehr und alles wird über das **Servicemenü** eingestellt. Das Servicemenü wird über eine (geheime) Tastenkombination aktiviert. Doch hier ist größte Vorsicht angebracht! Das Servicemenü enthält oft kryptische Einträge, deren Bedeutung sich nicht ohne passende Serviceunterlagen ergibt. Auch kann man diese Einstellung zum Feinabgleich nicht auf andere baugleiche Geräte übertragen, denn jedes Gerät hat andere Werte. Daher ist es ratsam, alle Einträge erst zu notieren, bevor Änderungen vorgenommen werden. Eine weitere Falle ist die Bedienung der Menüs, denn diese kann von der normalen Menüführung abweichen und man hat schneller etwas geändert, als notiert. Gemessen wird mit dem Frequenzzähler direkt an der PL und von dort aufwärts durch die Frequenzaufbereitung bis zum Sendeausgang. Hat man Serviceunterlagen zur Hand, finden sich dort Messpunkte und Zwischenwerte, die überprüft werden müssen. So kann man Schwachstellen in der Frequenzaufbereitung einkreisen.

👍 *SDR, Web-SDR oder Kontrollempfänger*

Zum Überprüfen der eigenen Aussendung kann neben einem Zweitgerät auch ein Kontrollempfänger bei Abgleicharbeiten helfen. Heute bieten sich dafür SDRs an. Am Bildschirm kann man schnell Aussagen zu Bandbreite, Modulationshub, Signalstärke und Nebenaussendungen treffen. Dazu sollte die Messkette vorher geeicht werden und eine ebenfalls geeichte, schaltbare Eingangsdämpfung haben. Das eigene Signal kann mit der SDR-Software aufgezeichnet werden und man kann die Aufnahme verzögert abhören. Das ist besser als das Abhören über ein zweites Gerät in direkter Nähe zum Mikrofon des Senders.

👍 *Verzerrungen*

Verzerrungen bei einem Funkgerät können Folge von zu hoher Lautstärke sein. Ein Bauteil wird übersteuert. Das können der Lautsprecher und seine Verstärkerstufe sein, aber auch der Mikrofoneingang, wenn er durch ein zu hoch eingestelltes Verstärkermikrofon überlastet wird. Ist in solch einer Verstärkungsschaltung ein Transistor defekt, kann sich das durch Verzerrungen bemerkbar machen. Hier wird das Signal am besten vor und hinter der Verstärkung überprüft. Der Verstärker soll das Signal nur verstärken und nicht verändern. Neben der Sendeleistung ist der zweite Ansatzpunkt des "goldenen Schraubendrehers" meist die Hub-Einstellung, also der Zugriff auf die Übertragungslautstärke im Sendebetrieb. Übertriebene Einstellungen führen oftmals zu einer Verschlechterung der Signalqualität und darüber hinaus zu unerwüschten Nebenaussendungen. Lauter ist nicht gleichzusetzen mit besser. Die Hub-Einstellung wird oftmals falsch gedeutet, denn sie ist nicht nur ein Lautstärkeregler. Der HUB bestimmt vielmehr den Informationsgehalt, also die Bandbreite der Aussendung, mögliche Lautstärke und übertragbaren Frequenzbereich. Mehr Bässe, mehr Höhen und mehr Lautstärke erfordern jeweils einzeln schon mehr Bandbreite und die zulässigen Hub-Werte werden sehr schnell überschritten.

☝ *Keine Sendeleistung*

Das Gerät hat Empfang, aber keine Sendeleistung - was kann man tun?

- Modulationseinstellungen überprüfen (bei SSB (USB/LSB) wird erst bei Tonübertragung Leistung abgegeben)
- Messung der Leistung auf SSB mit einem Messgerät mit „PEAK HOLD" durchführen (einfache Wattmeter zeigen zu wenig Leistung an)
- Messton zur SSB Leistungsmessung mit einem Tongenerator (oder durch Pfeifen) erzeugen
- Leistungsmessungen immer mit Dummyload durchführen, um einen Einfluss durch die Antenne auszuschließen!
- Trägermessung am besten auf Stellung FM durchführen
- wenn Leistungsregler vorhanden: auf Einstellung überprüfen
- Stromversorgung auf Spannung V und Leistungsabgabe A überprüfen
- Kontakte in Sicherung oder Stecker auf Oxidation prüfen
- zum Freqzenzbereich passendes Messgerät verwenden

Jetzt wird es leider ernst! Werden beim Drücken der PTT die Lämpchen des Gerätes dunkel, obwohl die Spannungsversorgung ausreichend ist, liegt ein Schaden an der Endstufe vor. Ist in direkter Nähe zum Gerät noch ein schwaches Signal auf dem Messempfänger zu hören, ist die Endstufe defekt, aber das Gerät bis zur Vorstufe noch in Ordnung. Die Endstufentransistoren müssen gewechselt und neu eingemessen werden. Alte Wärmeleitpaste sollte gründlich entfernt und durch neue ersetzt werden. Auf mögliche Isolierscheiben und deren richtige Position ist zu achten, gegebenenfalls sollten diese gleich mit erneuert werden.

☝ *Mehr-Ebenen-Schalter*

Schalter, die mehrere Schaltzustände gleichzeitig ändern, können verschmutzt, ausgeleiert oder abgenutzt sein. Im Inneren befinden sich Kontaktflächen für z.B. 4 EIN- und 4 AUS-Zustände. Fällt einer der Schaltzustände aus, resultiert daraus eine Vielzahl an möglichen Fehlfunktionen im Gerät. Ersatzteile sind nicht immer verfügbar, nur eine behutsame Restauration kann die letzte Rettung sein.

☝ *Messgeräte zur Fehlersuche*

Ein genaues Tischmultimeter ist für zahlreiche Messungen an einem Funkgerät notwendig. Der Frequenzgenerator sendet Testsignale zum

Abgleich aus, vom Tongenerator kommen NF-Töne zur Signalverfolgung und Signalüberprüfung am Oszilloskop. Ein Wattmeter mit Dummyload ist Standard. Ein langsames analoges Millivoltmeter hilft bei der Anzeige von schwankenden Werten, die auf einer Digitalanzeige schwer lesbar sind. Das Hubmeter dient zur Modulationseinstellung. Das Sinadmeter hilft dabei, den Empfänger zu peaken.

👍 *Werkzeuge zum Abgleich*

Der Abgleich von Funkgeräten erfolgt immer mit nicht leitenden und genau passenden Trimmwerkzeugen aus Kunststoff oder Keramik.

Bild oben: HF-NF-Signalgenerator, Frequenzzähler, Multimeter, Hubmeter, Oszilloskop, Wattmeter, Dummy, Besteck

Die Abbildung zeigt eine Sammlung günstig ersteigerter Messgeräte für einfache Reparatur- und Abgleicharbeiten an CB-Funkgeräten. Viele Reperaturen können mit einfachen Mitteln erledigt werden. Für exaktere Messungen gibt es auch Messplatzgeräte, die jedoch deutlich mehr kosten.

Bild links: Innereien einer "Ur-Oma"

Achtung - Hochspannung! Die Hochspannungskondensatoren halten auch nach dem Ziehen des Netzsteckers noch Spannung! Hier bloß nicht zu voreilig die Finger rein stecken! (R.I.P.)

Funkstörungen als Fehlerquelle

Hat der eigene Funkstandort einen starken elektrischen Störnebel, dann ist der Funkbetrieb oft problematisch oder sogar unmöglich. Dieser Störnebel kann vielerlei Ursachen haben, meist ist der Ursprung in billiger Elektronik im direkten Umfeld zu suchen. Oftmals findet man den bzw. die Übeltäter sogar in den eigenen vier Wänden.

Als Quellen von Störungen im **nahen Umfeld** sind bekannt:

- billige Schaltnetzeile und Ladegeräte für Elektronikgeräte
- LED-Beleuchtungen aus Billigproduktionen
- Energiesparlampen
- PC-Monitore oder beleuchtete Displays
- PC-Grafikkarten
- Plasmafernseher
- PLC - Computer Daten werden über die Steckdose gesendet

Diese Störquellen können die Stärke eines mutwilligen Störsenders erreichen!

Mögliche Störquellen **von außerhalb**:

- **Industrieanlagen** dürfen im Bereich der privat freigegebenen Frequenzen leider Störungen erzeugen (CB-, PMR- und Freenetfunk haben kein exklusives Recht auf die Nutzung der Frequenzen)
- **PV-Anlagen** und insbesondere deren Wandler und Regler
- **Garten- und Hofbeleuchtungen** des Nachbarn (LED- oder Entladungslampen)
- **Straßenlaternen** (LED- oder Entladungslampen)
- durch **Überreichweiten** stören Stationen aus großer Entfernung insbesondere den CB-Funk
- **medizinische Anlagen** dürfen im Bereich der freien Frequenzen Störungen erzeugen (CB-, PMR- und Freenetfunk haben kein exklusives Recht auf die Nutzung der Frequenzen)
- Geräte mit **Steuerungs- oder Datenübertragungen** senden oftmals sehr breitbandige Signale (z. B. Fernsteuerungen für RC-Mo-

delle, Funkthermometer, -wetterstationen, -schalter, -türöffner, -klingel, Funkwebcams und -videostrecken, Funkzustandsmelder, etc.)
- **Radarsysteme** für die militärische Nutzung
- moderne **Fahrzeugsteuerungen**, insbesondere von E-Autos
- **andere Funkanwendungen** auf benachbarten Frequenzen (z.B. digitaler Taxifunk = stört digitales Freenet)
- **Mitarbeiterkommunikation** von Handelsketten mit PMR-Funkgeräten
- unmittelbare **Nähe zu starken Sendeanlagen** (oft sind die besten/ exponiertesten Standorte bereits kommerziell besetzt, z.B. durch Radiosender)

Leider lässt sich die Liste der möglichen Störquellen beliebig fortsetzen und praktisch täglich kommen neue Störer aus Fernost dazu. Um zu Billigstpreisen produzieren zu können, sparen Hersteller gerne an der Funkentstörung oder lassen diese komplett weg. Bei der Auswahl von Elektronikartikeln sollte auf entsprechende Qualität und Entstörung geachtet werden, damit man sich nicht selbst den eigenen Funkstandort mit Elektrosmog verseucht.

Eine andere Ausgangslage ergibt sich, wenn die Funkausrüstung in einem Gebiet aufgebaut werden soll, das bereits Störungen des Funkbetriebes aufweist. In diesem Fall hilft nur, die Störquellen ausfindig zu machen und, wenn möglich, abzustellen. Den Anfang macht dabei das eigene elektrische Umfeld, welches, am besten komplett, abgeschaltet werden muss. Der schnellste Weg zu einer stromlosen Umgebung führt über den Sicherungskasten der Hauselektrik. Hier kann die Stromzufuhr für das Haus bzw. die Wohnung abgeschaltet werden, um alle Verbraucher sicher außer Betrieb zu setzen.

Suche nach Störquellen mittels Funkgerät

Um eine Störquelle orten zu können, braucht es ein vom Stromnetz unabhängiges Funkgerät zum Empfang der gestörten Frequenz. Dies kann ein Handfunkgerät oder ein Mobilfunkgerät mit Akku sein. Ist die eigene Umgebung im stromlosen Zustand und die Störung ist verschwunden, hängt der Übeltäter am eigenen Stromnetz. Durch stückweises Wiedereinschalten der eigenen Stromverbraucher kann die Quelle der Störung ermittelt und beseitigt werden. Ein Handfunkgerät erleichtert dabei die Suche nach den Übeltätern – kommt man der Störquelle näher, steigt der Signalwert auf der Anzeige. Hat der Signalwert die maximale Anzeige erreicht, kann die Antenne des Handfunkgerätes entfernt werden. Das Handfunkgerät empfängt jetzt nur noch Signale aus direkter Nähe und die Position der Störquelle kann recht genau ermittelt werden. Auf diese Weise können dann auch einzelne Geräte direkt auf hochfrequente Lecks geprüft werden.

Optische Suche nach Störquellen
Hat die Stromlosschaltung keine Verbesserung erbracht, dann liegt die Störquelle außerhalb des eigenen Stromkreises. Auch hier kann ein Handfunkgerät bei der Anpeilung der Nachbarschaft gute Dienste leisten. Ein Rundgang um die eigene Position kann helfen zu bestimmen, ob die Störquelle in der Umgebung sitzt oder die Ursache des Störsignals weiter entfernt ist. Manchmal ergeben sich auch optisch sichtbare Änderungen im Umfeld. Beispielweise wurden neue Straßenlaternen installiert oder der Nachbar hat eine neue PV-Anlage auf dem Dach. Auch die zeitliche Betrachtung des Auftretens von Störungen kann wichtige Hinweise geben. Zu welcher Uhrzeit tritt die Störung auf, welche Geräte gehen wann in Betrieb? In manchen Fällen kann schon ein kleiner Komponentenaustausch die Störung beseitigen. Man kommt aber oftmals als Funker nicht um ein Gespräch mit dem Nachbarn oder dessen Elektroinstallationsfirma herum oder muss selbst in entstörtes Gerät investieren.

Mögliche Lösungen bei Störungen
Folgende Maßnahmen (eventuell auch beim Nachbarn) können helfen:
- Austausch der Leuchtmittel gegen entstörte Produkte
- PLC durch Lan-Kabel oder WLAN ersetzen
- Austausch der PV-Wandler gegen Markenprodukte mit Entstörung
- Austausch störender Schaltnetzteile (z. B. Haussprechanlage)
- Klappferrite über alle Kabel der störenden und gestörten Geräte
- Netzfilter und Phasentrennung
- neuer TV, etc.

Störung melden

In manchen Fällen kann die Störung auch an eine entsprechende Stelle gemeldet werden, dies ist jedoch von Land zu Land unterschiedlich. In Deutschland kann die Ausmessung des eigenen Standortes angefordert werden. Ein Messtrupp versucht dann, die Störquelle zu lokalisieren und die Abschaltung dieser zu erwirken, was in vielen Fällen aber auch zu einem Gespräch "zur Einigung zwischen Nachbarn" führen kann. Da jedoch im freien Bürgerfunk kein exklusives Nutzungsrecht für die zugelassenen Frequenzen besteht, gibt es nicht immer Erfolgsaussichten. Vorrang auf Störfreiheit haben kommerzielle Dienste, Behörden, Militär und Flugsicherheit.

Störungen durch die Antennenposition und -ausrichtung ausblenden

Eine Störung kommt selten allein, oftmals ist es eine Vielzahl an Quellen, aus denen sich der Störnebel zusammensetzt. Eine Abschaltung all dieser Quellen ist meist nicht möglich. Hier hilft dann nur die Suche nach einer geeigneteren Position für die eigene Antenne oder sogar ein kompletter Standortwechsel.

Milderung können Richtantennen liefern - diese empfangen das Signal nur aus einer Vorzugsrichtung und blenden rückwärtige und seitliche Signale aus. Die räumliche Größe von Richtantennen ist abhängig von der Betriebsfrequenz und deren Wellenlänge. Richtantennen im UKW-Bereich sind noch recht handlich, während sie für die Kurzwelle sehr groß ausfallen müssen.

Elektronische Mittel gegen Störungen

Auch auf elektronischem Weg lassen sich einige Störungen ausblenden. Mit Hilfsgeräten, wie QRM-Eliminator u.ä., können Störungen abgedämpft oder digital aus dem Signal herausgerechnet werden. Im hochfrequenten Teil des Signalweges kommen sogenannte "PreSelector" zum Einsatz. Diese lassen nur den eingestellten Frequenzbereich zum Empfänger durch, alle anderen Frequenzbereiche werden stark unterdrückt. Dadurch gelangen nur noch die Signale zum Empfänger, die im Nutzungsbereich liegen. Das entlastet den Empfänger und kann manche Störung deutlich vermindern. Ein anderer Ansatz ist, das Störsignal durch ein phasenverdrehtes Signal auszulöschen. Hierzu wird jedoch eine zweite

Antenne benötigt, welche möglichst nur das Störsignal empfängt. Bei nur einem Störsignal kann das durchaus helfen, die Störung zu eliminieren. Die Effektivität steht und fällt aber mit dem Zweitsignal der zusätzlichen Antenne.

Eine andere Stelle zur Unterdrückung von Störgeräuschen ist der Audiosignalweg, also der bereits hörbare Teil des Signals. Mit Notch-Filtern lässt sich exakt der störende Ton absenken und damit das Nutzsignal besser hervorheben. Das geht aber zu Lasten der übertragbaren Tonbandbreite, da dem Audiosignal immer auch Nutzsignal entzogen wird, und funktioniert nur bei schmalbandigen Störsignalen.

Digitale Filter (z.B. DSP-Lautsprecher) werden auf das Störsignal angelernt und rechnen dieses aus dem Nutzsignal heraus. Je nach Art der Störung kann auf diese Weise ein brauchbares Nutzsignal herausgearbeitet werden. Je stärker die digitale Filterung eingestellt wird, um so mehr wird dabei jedoch auch das Nutzsignal entfremdet – Stimmen klingen dann wie Roboter unter einem Wasserfall.

Das alles kann helfen die Situation am eigenen Standort zu verbessern, muss es aber nicht! Die Zusatzgeräte kosten einiges an Geld und eine Garantie auf Entstörung kann nicht sicher gegeben werden, dafür sind die Störsignale zu vielfältig.

Wahl des richtigen Antennenkabels

Wichtig ist in jedem Fall auch die Verwendung gut geschirmter Koaxialkabel, damit diese nicht selbst zur Empfangsantenne für Störungen werden. Dies ist insbesondere dann der Fall, wenn Antennenkabel nahe zu anderen elektrischen Leitungen oder Geräten verlegt werden.

Hier sollte also nicht am falschen Ende gespart werden, sondern nur gutes, doppelt geschirmtes Kabel zum Einsatz kommen. In manchen Fällen gelangen auch Störungen über den Außenmantel des Koaxialkabels zum Empfänger. Ist dies der Fall, können sie durch HF-Ferritkerne auf der Zuleitung vor dem Gerät geblockt werden. Dies gilt sowohl für Antennenkabel als auch alle weiteren Kabelverbindungen, wie z.B. Stromkabel zum Funkgerät. Die Ferritkerne auf den Leitungen drosseln vagabundierende Hochfrequenz und blocken damit ungewollte Signale über falsche Kabelwege.

Die Einspeisungshöhe der Antenne
Die Höhe der Antenne über Störquellen kann deren Signalstärke beeinflussen. Jeder Meter, den die Antenne höher über den Störnebel gesetzt werden kann, schafft auch mehr räumlichen Abstand zu diesem. Außerdem bringt jeder Meter mehr an Höhe auch zusätzlich mehr empfangenes Nutzsignal und somit Reichweite der eigenen Funkstelle. Eine Antenne an einem Mast auf dem Hausdach hat sowohl für die Reichweite als auch in Bezug auf Funkstörungen eine bessere Position als eine Antenne inmitten der Bebauung und den Störquellen.

Durch die weitläufige Verbreitung mangelhaft entstörter Elektronik ist es heute leider Tatsache, dass viele Standorte unbrauchbar für die private Funkkommunikation geworden sind. Daran ändern auch teure Zusatzgeräte nichts mehr. Hier hilft dann einzig und allein ein Standortwechsel!
Anders herum besteht aber, z.B. für die Notkommunikation bei Stromausfall, die reelle Chance, dass auch etliche Störquellen außer Betrieb sind und dann Funkbetrieb (per Akku) an manchen Stellen wieder möglich ist. In jedem Fall ist die Flexibilität und der Einsatz des Funkers gefragt.

Antennenformen

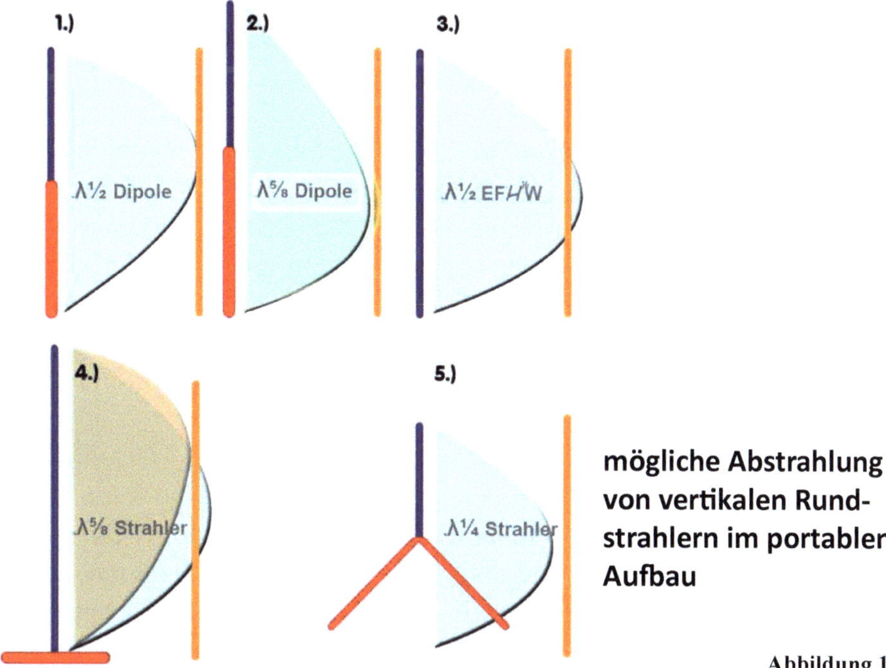

mögliche Abstrahlung von vertikalen Rundstrahlern im portablen Aufbau

Abbildung 1

Abb.1-1) *λ½ mittengespeister Dipol / RFD-T2LT-Antenne* - hat sehr gute Allround-Eigenschaften und ist recht unabhängig von den Erdbedin gungen. Da es keine Anpassung gibt, gibt es hier auch keine Verluste. Die T2LT bringt gute Werte bei geringer Steilstrahlung. Die T2LT ist ein schmalbandiger Monoband-Dipol.

Abb.1-2) *λ⅝ verlängerter mittengespeister Dipol* - ist recht unabhängig von den Erdbedingungen und bringt etwas mehr Draht in die Luft, auch ist der Abstrahlwinkel etwas flacher. Durch die Anpassung gibt es Verluste, welche nur kostenintensiv gemindert werden können (Abb.2/S. 125), der Wirkungsgrad ist abhängig von Verlusten bei der Anpassung in Koax-Balun, Stub und Kondensator. Diese Antenne ist sehr breitbandig.

Abb.1-3) *λ½ lambda Halbe endgespeiste Halbwelle* - ist bei guten Erdbedingungen und exponierten Aufbaulage eine hervorragende DX-Antenne. Anders als bei den obigen Dipolen, fehlt bei der Halbwelle praktisch das untere Radial - durch den hohen Widerstand am Strahlerende ergibt sich aber eine gute Fortsetzung der Welle zur Erde. Aufbauposition und Erdbedingungen haben starken Einfluss - die Anpassung muss verlustarm sein.

Abb.1-4) *λ⅝ Strahler mit Radialen* - ist eine gute DX-Antenne mit flacher Abstrahlung. Durch die eigenen Radiale ist die echte λ⅝ noch unabhängig von den Erdbedingungen. Bei zunehmender Aufbauhöhe bildet sich aber Steilstrahlung und der relative Gewinn nimmt wieder ab. Die Anpassung hat großen Einfluss auf die tatsächlich abgegebene Leistung und Bandbreite. Der Aufbauaufwand ist relativ groß und auch Windlast/ Gewicht kann ein Problem sein.

Abb.1-5) *λ¼ Groundplane, Marconi Monopolantenne, Viertelwellenstrahler* - ist kürzer als die anderen Antennenformen und kann daher höher montiert werden, um Hindernisse besser überwinden zu können. In der richtigen Höhe montiert, liefert die GP im Vergleich zu anderen Antennenformen durchaus ebenbürtige Ergebnisse. Sie kommt ohne Anpassung aus und ist daher verlustarm und leistungsfest. Ist die GP jedoch zu hoch oder zu niedrig montiert, erzeugt sie Steilstrahlung und fällt gegenüber anderen Antennen ab. Der Aufbau ist aufwändiger als bei einem RFD.

Die Leistungsfähigkeit einer Antenne wird maßgeblich durch Aufbauhöhe und Erdbedingungen beeinflusst. Auch die Umgebung und Exposition (exponierte Position oder mitten im Wald) spielen eine große Rolle. Die bittere Wahrheit ist, dass praktisch jede Aufbausituation eine passende Antenne fordert, aber nicht jede Antenne zu jedem Ort passt. Insbesondere beim Portabelfunkbetrieb sind die Bedingungen vor Ort jedoch so hinzunehmen, wie sie vorgegeben sind. Oft fehlt auch die Zeit oder Möglichkeit, z. B. die Bodenbedingungen durch das Auslegen eines Erdnetzes zu verbessern. Hier kann es von Vorteil sein, die passende Funkantenne für den Einsatz zu wählen oder gleich eine zweite Antennenform aufzubauen. Die Abbildung 1 zeigt nur als "grobes" Beispiel, welche Abstrahleigenschaften bei den verschiedenen Antennenformen im CB-Funk zu erwarten sein könnten. Eine Vorhersage ist nur bedingt möglich, genauso wie eine exakte Ausbreitungssimulation am Computer.

Unterschiede zwischen verschiedenen CB-Antennenformen $\lambda\frac{1}{2}$, $\lambda\frac{5}{8}$, $\lambda\frac{1}{4}$

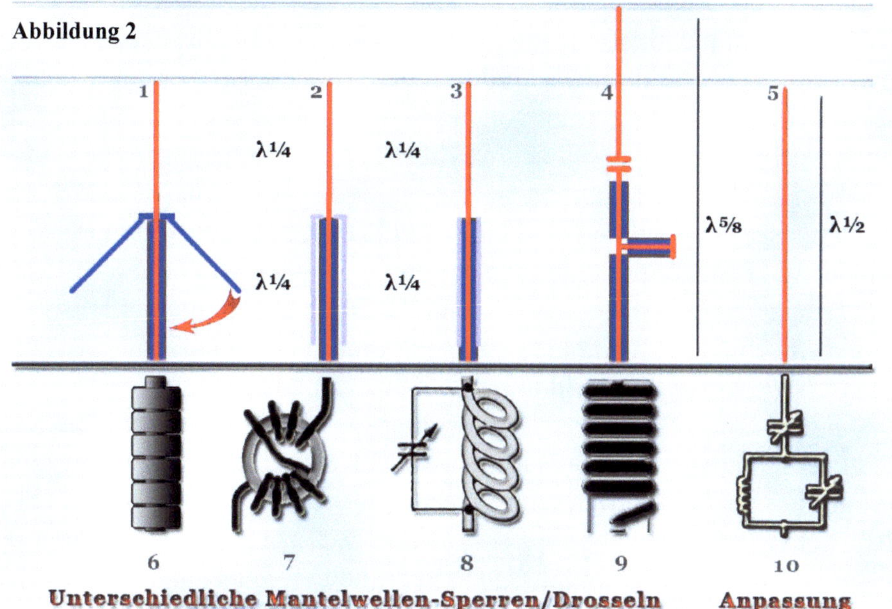

Abb.2-1) *λ¼ Groundplane, Marconi Monopolantenne*, Viertelwellen-strahler mit Radialen

Abb.2-2) *λ½ (2*λ¼) Sleeve-Dipole*, mittengespeist mit Kabelzuführung vom Fußpunkt, Radial nach unten gestreckt

Abb.2-3) *λ½ (2*λ¼) sleeveless Sleeve-Dipole RFD T2LT*, das Koaxka-bel in doppelter Funktion: "Von innen gesehen Koax/außen Radial"

Abb.2-4) *λ⅝ verlängerter Dipol*, mittengespeist mit Kabelzuführung vom Fußpunkt, Radial nach unten gestreckt

Abb.2-5) *λ½ endgespeiste Halbwelle* mit Matching/Anpassung im Fuß-punkt

Weitere Erläuterungen zu den Abbildungen:

2-1) klassische λ¼ Viertel-Lambda-Antenne mit Radialen

2-2) Die Radiale der λ¼ werden durch den heruntergeklappten Mantel des Koaxkabels gebildet und ergeben nun eine mechanische Antennen-länge von λ½ "halblambda".

2-3) Der Außenmantel des Koaxkabels ist Radial.

2-1) bis 2-4) zeigen die Evolution von einer recht sperrigen λ¼ Groundplane mit Radialen zu einer sehr beliebten, auf $\lambda\frac{5}{8}$ verlängerten, mittengespeisten Dipol-Antenne.

2-4) ist ein auf mechanische Länge von $\lambda\frac{5}{8}$ verlängerter, mittengespeister Dipol mit Kabelzuführung vom/durch den Fußpunkt! Der wohl bekannteste Vertreter (GM$\frac{5}{8}$) kommt von einem Hersteller aus Italien. Diese Antenne wird oft als $\lambda\frac{5}{8}$ bezeichnet, was aber nur auf ihre mechanische Länge zutrifft. HF-elektrisch gesehen ist und bleibt die "GM$\frac{5}{8}$ italy" jedoch ein "mittengespeister, verlängerter" Dipol mit Kabelzuführung vom/durch den Fußpunkt. Gleiches gilt natürlich auch für *2-2)* und *2-3)*.

2-5) ist eine endgespeiste, hochohmige (Z) Halbwelle mit einer HF-resonanten mechanischen Länge von $\lambda\frac{1}{2}$. Durch eine Anpassung am Fußpunkt *2-10)* wird der Anschluss an 50 Ohm (Z) ermöglicht.

2-6) Ferritkerne auf der Koaxleitung dämpfen Mantelwellen auf dem Kabelaußenmantel - mit steigender Anzahl der Kerne steigt die Dämpfung auf der Länge der Sperre (weicher Übergang).

2-7) Koaxwicklung auf Ferritring sperrt Mantelwellen mit einer harten Grenze.

2-8) resonante Koaxspule mit Kapazität = hohe frequenzabhängige Sperrwirkung

2-9) Breitbandsperre als "UglyBalun"

Drosseln und Sperren

Ferritkerne auf der Koaxleitung nach *Abb.2-6)* dämpfen Mantelwellen auf dem Außenmantel. Wegen ihrer weichen Sperrwirkung können sie alleine jedoch einen Antennenstrahler nicht in seiner HF-relevanten Länge begrenzen und kommen vor allem in Kombination zum Einsatz. Sie erledigen den Rest, der bei anderen Sperren/Drosseln übrig bleibt. Klassisches Beispiel ist die T2LT. Bei der RFD-T2LT wird der strahlende Koaxaußenmantel durch eine resonante Spule nach *Abb.2-8)* in seiner Länge begrenzt. Der Kondensator wird durch die Eigenkapazität der berechneten Spule gebildet, hierdurch wird die Güte herabgesetzt und der Resonanzkreis wird etwas breitbandiger. Die Sperrwirkung lässt dadurch jedoch nach und es bleibt ein Restanteil von "heißer Koaxleitung". Dieser Restanteil wird nun durch die Ferritkerne in *Abb.2-6)* vom Koax-Mantel genommen und die Antenne ist sauber abgeschlossen.

Balun-Symmetrierung

Ein Breitbandbalun nach *Abb.2-9)*, auch als "Ugly-Balun" bezeichnet, erfüllt sehr zuverlässig gleich drei Aufgaben. Als Erstes hat er eine hohe Sperrwirkung und begrenzt damit auch einen strahlenden Koaxmantel. Zweitens dient er der Symmetrierung des mittengespeisten Dipols. Als Drittes ist seine Breitbandigkeit von Vorteil, wenn eine große Bandbreite Durchlass finden soll.

Wird der "Ugly-Balun" aus Silber-/Teflonkoaxkabel gefertigt, sind sehr hohe Leistungen ohne Sättigung möglich. Die Sperrwirkung des "Ugly-Balun" ist etwas geringer als bei *Abb.2-8)*, daher kann hier mit *Abb. 2-6)* kombiniert werden.

Endgespeiste Halbwelle

Ein ganz anderer Antennentyp liegt in der Kombination von *Abb.2-5)* mit *Abb.2-10)* vor. Hierbei handelt es sich um eine echte resonante $\lambda\frac{1}{2}$ Halbwellenantenne mechanischer und elektrischer Länge. Die Speisung erfolgt bei diese Antenne nun wirklich am Strahlerende. Ohne eine Anpassung am Fußpunkt wäre die resonante Strahlerlänge von $\lambda\frac{1}{2}$ jedoch nicht direkt am RX/TX zu betreiben. *Abb.2-10)* zeigt die Anpassung zum Koaxkabel. Ein Restanteil von Mantelwellen kann durch Nachschalten von Ferritkernen unterdrückt werden, siehe *Abb.2-6)*.

Ist die Lambda $\lambda\frac{5}{8}$ Antenne die beste CB-Funk-DX-Antenne?

$\lambda\frac{5}{8}$ Antennen kommen wegen ihrer flachen Abstrahlung im langwelligen Rundfunk zum Einsatz (*Abb.3.-1.)Hauptkeule*). Um vertikal auf brauchbare Antennenlängen zu kommen, muss der Strahler oftmals am Boden beginnen. Die $\lambda\frac{5}{8}$ hat sich hier als bester Flachstrahler (über Erdnetz) gezeigt. Im 11-Meter-Band kann man jedoch die Antenne ohne größeren Aufwand erst bei $\lambda\frac{1}{2}$ oder $\lambda1$ über Grund beginnen lassen und das Erdnetz wird in Form von Radialen auch nach oben an den Antennenfuß verschoben. In Zeiten ohne Simulationssoftware wurde die $\lambda\frac{5}{8}$ als bester Flachstrahler in der Antennenliteratur übernommen und ihre guten DX-Eigenschaften für die höheren KW-Bänder als "bester" Flachstrahler über-/angenommen. Hier könnte man sagen, es wurde in der Funkliteratur früher blind abgeschrieben.

Eine $\lambda\frac{5}{8}$ ist, z. B. bei $\lambda1$ Aufbau über Grund, ohne Radiale ein unvollstän-

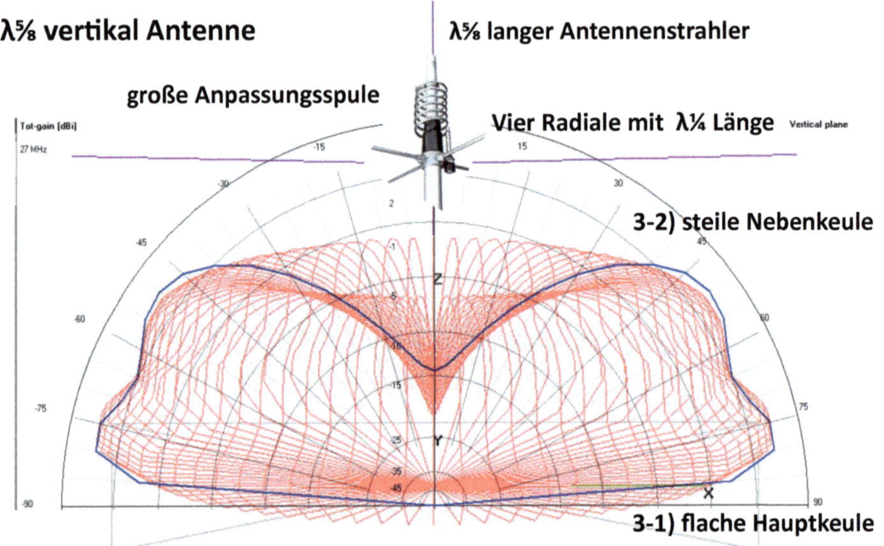

Abb.3-1) Hauptkeule: flache Abstrahlung bei Aufbauhöhe von (⅛λ über Erdnetz) λ¼ bis λ½ (mit Radialwerk)

Abb.3-2) Nebenkeule: Bei Aufbauhöhen über λ¾ verlagert sich die Strahlung zu Gunsten der steilen Nebenkeule.

diger Dipol bzw. eine unvollständige Groundplane, daher gilt: λ⅝ werden verlängert auf λ¾, um resonant zu sein. Es fehlen dann λ¼ in Form von Radialen am Fußpunkt, um auf λ1 zu kommen. Dadurch ergibt sich ein recht aufwändiger Aufbau mit Gewicht von Anpassung und Radialen plus der zu haltenden Windlast. Im Portabelbetrieb ist das durchaus ein entscheidender Faktor für oder gegen eine Antennenform.

Man kann feststellen, dass auch andere Antennen DX-tauglich sind und eine flache Abstrahlung bieten, denn die λ⅝ bekommt mit zunehmender Aufbauhöhe steil strahlende Nebenkeulen (*Abb.3-2) Nebenkeule*). Der langwellige Gedanke ist somit nicht 1:1 auf die kürzeren HF-Bänder, also CB-Funk, zu übertragen.

Die alte Antennenliteratur ist an dieser Stelle ungenau bzw. falsch formuliert und durch "aktuelle Modelle" neu zu bewerten. Der uneingeschränkte Thronplatz für alle Bänder existiert praktisch nur noch in alten Büchern. In kürzeren Bändern kann man sich daher auch anderweitig sehr effektiv verbasteln (Stockung, verlängerte Dipole, Collineare Antenna oder einfach mehr Höhe statt mehr Antenne, etc.).

128

Welche ist die beste Berg-DX-Antenne?

Natürlich hat sich die λ⅝ auch als CB-DX-Antenne bewährt - Bergtests bei λ1 Aufbauhöhe[*] zeigen aber, dass man mit weniger "Gebilde im Wind" auch weit kommen kann, denn eine λ⅝ hat bei dieser Aufbauhöhe schon deutliche Steilstrahlungsanteile.

Eine verlustarm gebaute λ½ EFHW bei λ1[*] über Grund kann hier durchaus die bessere Wahl sein. Durch ihren hohen Widerstand am Strahlerende ergibt sich zudem ein guter Übergang zum Erdreich (ohne Radiale, aber gute Erdbedingungen voraus gesetzt).

Auch RFDs fühlen sich bei einer Aufbauhöhe[*] von λ1 sehr wohl und brauchen erheblich weniger Aufbauaufwand, zudem bleiben sie auch auf trockenen Felskuppen stabiler in der Flachstrahlung. Da die λ⅝ eine verlustarme Anpassung benötigt, fällt diese recht wuchtig aus. Zur Vollständigkeit der Antenne sind entweder viele kurze oder mindestens 4 lange Radiale zu λ¼ nötig.

Daher wird die λ⅝ überwiegend als reine Stationsantenne gebaut. Als Basisantenne findet sie eine Erdung vor und kann durch ihre große Metalloberfläche glänzen. Für den portablen Funkbetrieb sind die Vor- und Nachteile der λ⅝ genau "abzuwägen".

Direkte Antennenvergleiche können daher an anderer Aufbauposition komplett unterschiedliche Ergebnisse liefern.

Die bittere Wahrheit ist, dass praktisch jede Aufbausituation eine passende Antenne fordert, aber nicht jede Antenne zu jedem Ort und jeder möglichen Aufbauposition passt.

Einfacher Dipol

So einfach kann man zu einer brauchbaren Antenne kommen - der Dipol ist sehr leicht zu bauen und kann auch für andere Frequenzen als CB-Funk berechnet werden, also für PMR und Freenet. Auf PMR und Freenet fällt er wesentlich kompakter aus als für das 11-Meter-Band auf 27MHz für CB-Funk. Hat man noch ein intaktes Stück RG58 Koaxkabel mit einem defekten Stecker, kann man dieses recyclen. Ansonsten sollten am besten genau 11 Meter RG58MIL und der passende PL-Antennenstecker besorgt werden. Die Dipolseiten können aus Lautsprecherkabel gefertigt werden. Je dicker das Kabel für die Dipolhälften gewählt wird, umso kürzer werden die Hälften ausfallen. Daher sind die Längenangaben recht großzügig bemessen. Angefangen wird immer mit einer größeren Länge, um dann stückweise zu kürzen. Als Anfangswert kann mit 275 cm für die Dipolseiten begonnen werden. Mit dem SWR-Meter wird der Dipol dann durch gleichmäßiges Kürzen der Dipolseiten angepasst. Zum Anschluss der Dipolseiten werden ca. 4 cm des Koaxkabels abisoliert (hier bitte nur den Schirmungsmantel freilegen und nicht zu tief anritzen). Innen- und Außenleiter dürfen keinen Kontakt zueinander haben. Der Schirm wird erst aufgedröselt und dann zu einem Strang verdrillt, sodass er wie eine eigene Kabelader aus dem Koax kommt. Der Innenleiter wird ca. 1 cm abisoliert. Nun wird eine der Dipolseiten, also das Lautsprecherkabel, mit dem Innenleiter verbunden und das andere Lautsprecherkabel mit dem Koaxschirm. Jetzt sollte das Ganze eigentlich verlötet und abgedichtet werden. Geht das nicht, weil man gerade im Blackout bastelt, reicht auch gründliches Verdrillen. Nur berühren sollen sich die beiden Leiter natürlich nicht. Für Freenet gilt das Gleiche, nur, dass hier die Dipolseiten vor Beschnitt bei ca. 50 cm je Seite liegen und bei PMR bei ca. 18 cm. Kann bei CB-Funk noch in 1 cm Schritten gekürzt werden, so sollte die Anpassung für PMR hingegen eher gleichmäßig in Millimeterschritten erfolgen.

Natürlich sollte ein Dipol am besten frei und, im Fall von CB-Funk, vertikal aufgehängt werden. Die Zuleitung sollte dann aber waagerecht weggeführt werden, sonst ist das Koaxkabel im Strahlungsweg der Antenne. Das ist leider der Nachteil bei vertikaler Montage des Dipols. Die horizontale Aufhängung ist für CB-Funk leider wenig gebräuchlich, außer, wenn explizit DX-Verbinungen angestrebt werden.

Baupläne zum Selbstbau von Antennen

Einfache Dipol Antenne für CB-Funk 27MHz

Dipolseite 2,60-2,72m | *Dipolseite 2,60-2,72m*

Lautsprecherkabel | *Lautsprecherkabel*

Eine Dipolseite wird mit dem Innenleiter verbunden

Eine Dipolseite wird mit dem Außenleiter verbunden

Die höheren CB-Kanäle 30 bis 40 setzen die kürzesten Seitenlängen voraus, Kanal 41 bis 50 die längsten Seitenlängen. Will man auf allen CB-Kanälen funken, muss man auf die Mitte abstimmen und mit schlechteren Werten an den Bandgrenzen leben. Dicke Kabel müssen stärker gekürzt werden, als dünne Kabel. Als Notfallantenne könnte der Dipol auch ganz ohne Koaxkabel direkt an dem Funkgerät befestigt werden, jedoch handelt man sich auf diese Art schnell Störungen durch direkte Einstrahlung ein.

Zuleitung aus RG58MIL Länge mind. 3,66m

PL-Stecker für RG58 zum SWR/Meter bzw. Funkgerät

Maße je Dipolseite:
- für Freenet: ca. 50 cm
- für PMR: ca. 18 cm

Es gilt: Besser irgendeine Antenne, als gar keine Antenne.

Die Triple Leg oder einfache Groundplane mit zwei oder drei Beinen
Mit Beinen (Legs) sind die Strahlerdrähte gemeint, welche nach unten zeigen. Tritt beim vertikalen Aufbau eines einfachen Dipols das Problem auf, dass die Zuleitung sich im Strahlungsbereich des unteren Strahlers befindet, kann bei der Triple Leg die Zuleitung direkt von unten erfolgen. Daher ist die vertikale Aufstellung eher das Arbeitsgebiet für eine Groundplane. Natürlich wächst durch die Legs der Durchmesser der Konstruktion und sollte für den Aufbau vor Ort mitbedacht werden. Für den schnellen Portabelaufbau wird oft auf eines der Beine verzichtet und die Antenne mit nur zwei Radialen gebaut. Die Maße sind im Grunde auf die gleiche Rechengrundlage wie beim einfachen Dipol zurückzuführen. Die Wellenlänge für CB-Funk liegt bei ca. 11 Meter, unsere Dipolseiten haben jeweils ein Viertel davon, also ca. 2,75 Meter. Bei der Groundplane haben wir einen Strahler nach oben mit Viertelwellenlänge, also einem Startwert von 2,75 Meter. Die Radiale, also die Strahler nach unten, haben ebenso Viertelwellenlänge. Die Antenne kann mit nur zwei Radialen gebaut werden, welche ca. 90°-Winkel zueinander haben. Die faule Triple Leg ist dann kaum aufwendiger zu bauen, als der einfache Dipol. Je dicker die Kabel für Strahler und Radiale sind, umso kürzer fallen sie aus. Für die höheren Frequenzen sollte die Antenne am kürzesten sein und für die tiefen Freqzenzen am längsten. Dies dient, wie auch beim Dipol, zur Orientierung beim Abstimmen und Anpassen. Wer die Antenne im Bereich 26,6-27 MHz betreiben will, wird mit längeren Strahlern und Radialen beginnen. Für den Bereich 27-27,4 MHz können die Startwerte um 2 - 5 cm kürzer ausfallen. Genauer lässt sich das kaum annähern. Der Winkel zwischen zwei Radialen beträgt 90°. Die Radiale sind je 2,55 - 2,63 m lang. Diese Werte ändern sich leider auch mit der Aufbauhöhe und den Umgebungseinflüssen. Damit nicht immer abgeschnitten werden muss, kann die Strahlerspitze auch zu einer Schlaufe gelegt und dann wieder am Strahler abwärts geführt werden. Der zurückgeführte Teil muss dabei sehr eng am Strahler anlie-gen und fixiert werden. Damit bleibt der Draht zwar genauso lang wie vorher, aber der strahlende Teil der Antenne wird verkürzt. Der zurückgeführte Teil trägt also nicht mehr zur Länge der Antenne bei. Die entstandene Schlaufe sollte nur so groß sein, dass sie als Befestigungsöse dienen kann, nicht größer. Auf diese Art können auch die Radiale und alle anderen Drahtantennen praktisch gekürzt werden.

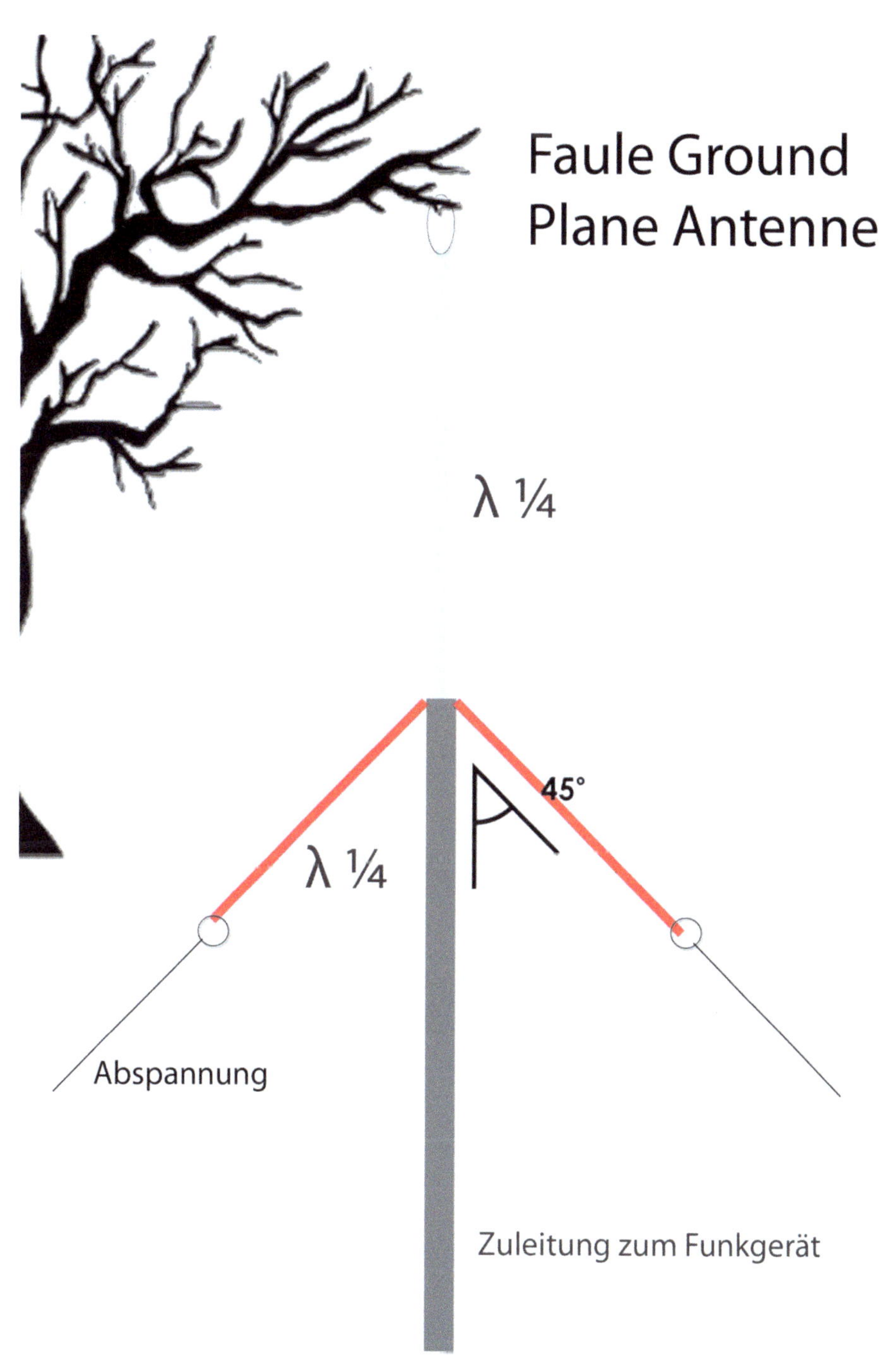

Faule Ground Plane Antenne
λ ¼
λ ¼
45°
Abspannung
Zuleitung zum Funkgerät

Die funkende Colaflasche - CB ColaBottle Antenna

Cola kann doch nützlich sein, vor allem wenn man es nicht trinkt.

Aus einer Getränkeflasche (ab 1L) lässt sich eine sehr gut funktionierende Behelfsantenne bauen, die, wenn sie gut abgestimmt ist, kein fauler Kompromiss ist. Der Bauplan auf *Seite 135* zeigt eine solche "ColaTenne" für den CB-Funkbereich. Mit einfachsten Mitteln und wenig zu kaufendem Zubehör kann diese Antenne auch unterwegs oder in der BOL gebaut werden. Die benötigte Getränkeflasche lässt sich leider viel zu oft auch im Wald finden. Ansonsten hilft der Griff in den Mülleimer (hier aber bitte nicht den armen Sammlern das Pfandgeld wegschnappen). Als weitere Zutat für die auf Brause basierende Antenne wird Antennenkabel benötigt - eine Länge von genau 11 Metern hat sich als praktisch erwiesen. Als Kabel kommt das günstige und sehr stabile RG58MIL zum Wickeleinsatz. Die Antenne kann aus einem Stück ohne Schnitt gebaut werden oder es werden zusätzlich ca. 275 cm Lautsprecherkabel benötigt. Da Koaxkabel aus Innenleiter und Schirm besteht, hat man praktisch schon zwei Leitungen in einem Kabel. Durch Entfernen des Abschirmmantels aus Kupfergeflecht wird der innere Leiter frei gelegt. Der innere Leiter bildet den oberen Teil des Strahlers. Wem das Abmanteln zu frickelig ist, der kann an dieser Stelle auch den abgemantelten Innenleiter durch Lautsprecherkabel ersetzen.

"Hier keine Verbindung zwischen Innenleiter und Schirm!"

Der Innenleiter wird entweder mit Lautsprecherkabel verlängert oder er bleibt unbeschädigt und wird weiter fortgeführt. Innen- und Außenleiter dürfen keinesfalls Kontakt haben. Wird der Innenleiter mit Lautsprecherkabel verlängert, muss auf Isolierung geachtet werden. Unterhalb dieses Punktes geht es mit dem vollständigen Koaxkabel weiter bis zur Spule um die Colaflasche. Je nach Flaschendurchmesser werden jetzt 5 bis 7 Windungen um die Flasche gewickelt. Das Kabel wird oberhalb und unterhalb der Spule in die Flasche geführt. Die Löcher können mit einem heißen Nagel gebohrt werden. Auch in Flaschendeckel und -boden kommt jeweils noch ein "heiß gebohrtes" Loch. Danach folgt schon die Zuleitung zur Antenne. Diese Zuleitung sollte mindestens eine Länge von 3,66 Meter haben, sonst kann es Probleme mit der Abstimmung geben.

Colaflaschen-Antenne (T2LT/RFD)

abisoliertes RG58 oder Lautsprecher-Kabel

obere CB-Kanäle 264-272cm
unter CB-Kanäle 272-274cm

Hier keine Verbindung zwischen Innenleiter und Schirmung!

Kabel RG58

obere CB-Kanäle 262-268cm
unter CB-Kanäle 268-272cm

Luftspule um Flaschenkörper eng wickeln W=Windungen

Flasche 10-11cm Durchmesser 5 W
Flasche 7-8cm Durchmesser 7-6 W

Löcher mit heißem Nagel bohren

Zuleitung zum Funkgerät mindestens 3,66m Länge RG58

PL-Stecker für RG58 5 mm, 11 m RG58 Koaxkabel, Cola

Bevor irgendetwas fixiert oder abgedichtet wird, sollte durch Ändern der Längen das SWR abgestimmt werden.

Hier gilt: *"Zu lang anfangen und dann erst kürzen - abgeschnitten geht schnell, drangeklebt dauert länger"*

Portabler Antennenaufbau

Für den schnellen Aufbau praktisch aller portabler Antennen eignen sich am besten GFK-Teleskopmasten. Diese Masten finden sich natürlich beim Funkhändler als Zubehör, aber auch im Angelgeschäft wird man fündig. Hier bieten sich die Stippruten aus GFK an. Diese sind günstiger, als die speziellen Funk-GFK-Masten, aber auch weniger stabil. Masten aus Carbonfaser sind nicht nur wesentlich teurer und stabiler, sondern auch für Funk ungeeignet, weil Carbon leitend ist. An einem Metallmast kann also keine der portablen Antennen gehängt werden. Leitende Masten können nur unterhalb der Antenne zum Einsatz kommen.

Die Länge des Mastes sollte mindestens 7 Meter für CB-Funk betragen, sonst lassen sich die meisten Antennen nicht aufbauen oder abstimmen. Schuld daran ist wieder die Wellenlänge - die CB-Antenne hat gerne eine halbe Wellenlänge Luft unter sich. CB-Funk bei 27 MHz hat eine Wellenlänge von 11 Metern, die halbe Wellenlänge beträgt also 5,5 Meter. Ein 7 Meter langer Mast hätte bei einer typischen CB-Antennenlänge gerade noch 1,5 Meter Luft nach unten. Für einen Schnellaufbau muss das oft reichen und bringt meist stärkere Signale als eine Mobilantenne. Höher ist natürlich besser, noch höher kann gar nicht hoch genug sein. Hier kann man die Physik leider nicht austricksen, bei 11 Meter Wellenlänge sind sowohl Antennen als auch Aufbauhöhen schon etwas unhandlich. Für Freenet und PMR sind dageben kleinere Abmessungen ausreichend. Aber auch hier gilt weiterhin: Höhe ist alles! UKW-, also PMR- und Freenetantennen, wollen hoch hinaus, damit man einer quasioptischen Verbindung zum Zielort möglichst nahe kommt.

Wer mit dem Auto oder Fahrradanhänger seinen guten Funkstandort anfährt, hat größeres Gepäck dabei. Mit an Bord sind Antennenauffahrfuß, an dem der Mast fixiert wird, und Spanngurte für andere Befestigungspunkte. Die richtigen Funk-Teleskopmasten haben Längen ab 10 Meter. Aber auch Längen von 12 bis 18 Meter sind "normal". Kurze GFK-Ruten

136

können zum Konstruieren verwendet werden, z. B. als Spreizer für die Radiale der Triple Leg oder anderer Konstruktionen. Mit einer Futterschleuder (aus dem Angelbedarf) oder einem Wurfstein können Antennen mittels Seil von Bäumen oder Türmen abgehängt werden. Hier sollte aber der Abstand zu Allem, was leitet, möglichst groß sein.

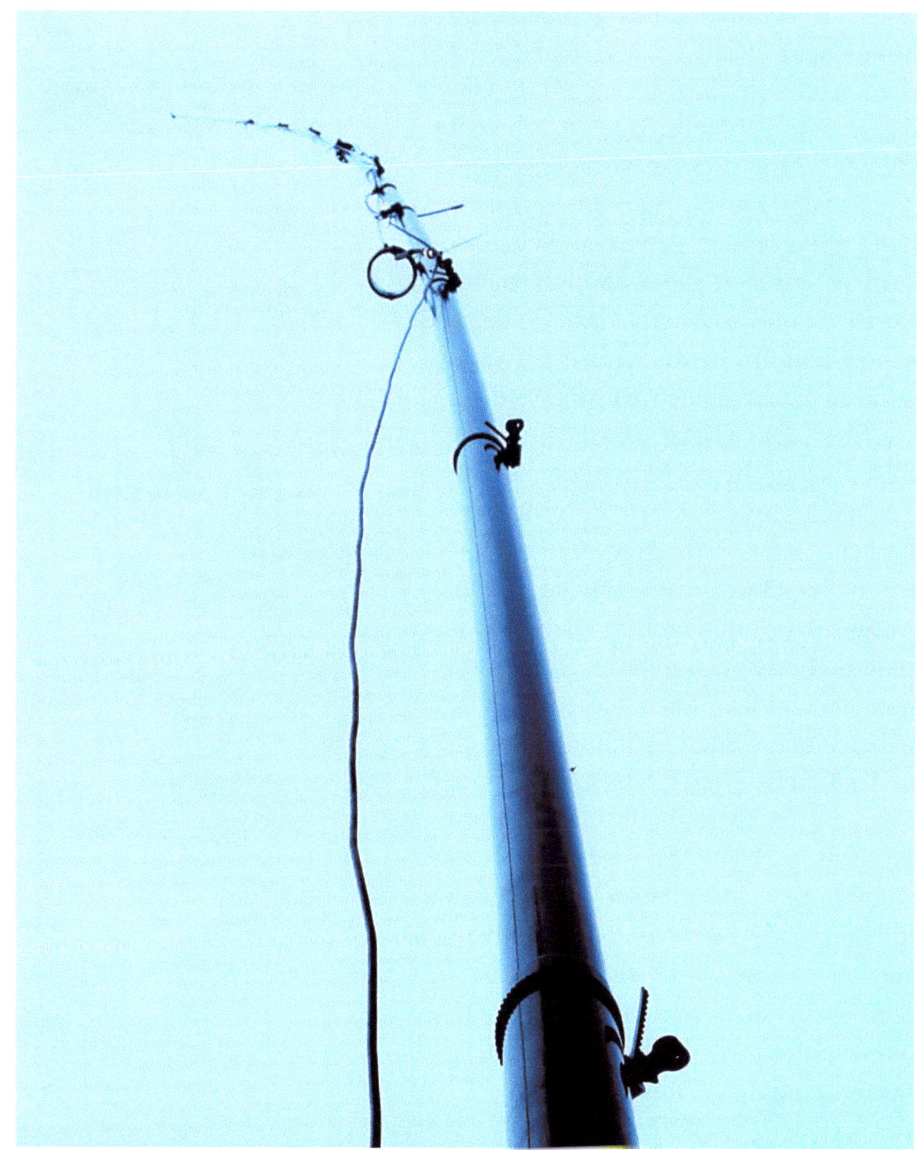

Bild: 18 Meter langer GFK-Teleskopmast mit Schnellschellen und Antenne

Vielen der neueren Mobilgeräte liegen Handmikrofone bei, in denen sich das eigentliche Mikrofon nicht dort befindet, wo man es vermuten würde. Statt an der eigentlich günstigen Position hinter dem "Grill" des Gehäuses, ist die Sprechkapsel oft irgendwo im Gehäuse untergebracht. Das ist schlecht für den Klang. Besser wird der Klang, wenn man die Kapsel direkt hinter den Grill montiert. Ein Stück Schaumstoff positioniert die Kapsel an neuer Position und schließt das Gehäuse schalldicht ab. Etwas Kunststoffwatte dämpft die restlichen Resonanzen im Gehäuse. Das kostet praktisch nichts, hilft aber in vielen Fällen, den Klang erheblich zu verbessern. Es gibt mittlerweile auch sehr gute fertige Mikrofonverstärker mit Noise Gate, Compressor und Limiter. Diese Minimodule finden fast in jedem Mikrofon noch einen Platz. Die neueren Module haben einen weiten Spannungsbereich und können je nach Funkgerät sogar über die Mikrofonbuchse mit Strom versorgt werden. In der Abteilung "Sanitär und Installation" finden sich im Baumarkt Stahlrohre und Winkelstücke. Daraus lässt sich schon auf dem Weg zur Kasse ein stabiler Antennenauffahrfuß für portable Antennenaufbauten am Auto herstellen.

Bild: Watte im Mikrofongehäuse

Bild: Mikrokapsel in Schaumstoff

Bild: Mini-Mikrofonverstärkermodul

Bild: Masthalterung aus Stahlrohr

Landeskenner

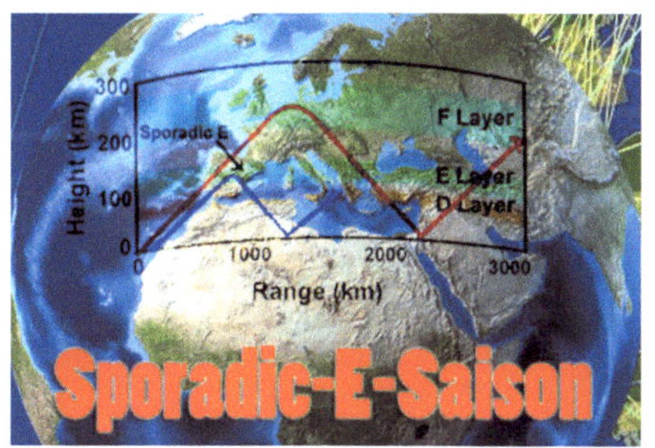

Als CB-Funkanfänger fragt man sich oft: Woher kommen die komischen Rufzeichen aus Ziffern und Buchstaben? Ist doch die Wahl der Rufzeichen frei und muss auch niemandem gemeldet werden. Der Grund hierfür ist bei den Überreichweiten zu finden, die vor allem in den Sommermonaten auftreten. Auf einmal sind im Funkgerät Stimmen aus unterschiedlichsten Sprachräumen zu hören, die Funksignale reichen weiter als sonst. Was geschlossene Funkgruppen nervt (Taxi Olga von der Wolga ist stärker als der lokale Funkpartner) freut die Weitstreckenfunker (DX-Funkverbindung). Über Reflexionen an den Himmelsschichten (Ionosphäre - bei CB meist E-Schicht) gelingen dann Funkverbindungen zu Stationen, die mehrere tausend Kilometer entfernt sind. Auch Doppelsprünge *"Erde-Ionosphäre-Erde-Ionosphäre-Erde"* kommen dann gelegentlich vor. Damit man schon am Rufzeichen erkennen

kann, woher die Station stammt, hat sich im CB-Funk die Nutzung von Landeskennern eingebürgert. Ähnlich wie die Rufzeichen beim lizenzpflichtigen Amateurfunk, haben auch die DX-Funker im CB-Bereich eine Kenner-Liste. Für CB-Funk wird eine der Ur-Senderlisten genutzt. In Italien hatte Marconi den ersten gemeldeten Sender der Welt in Betrieb genommen, damit war Italien das erste Land (Kenner 1.) mit einer offiziellen Sendestation. Marconi war bestrebt, als Erster eine Verbindung über den Atlantik nach Amerika herzustellen. Daher hat dann folgerichtig Amerika den zweiten angemeldeten Sender in Betrieb genommen. So kommt es, dass Italien heute noch die Kennung *"1"* trägt und die USA die *"2"*. Es folgten weitere Tests nach Südamerika. Nachdem die ersten transatlantischen Verbindungen erfolgreich waren, zogen alle weiteren Länder mit eigenen Sendeanlagen nach. Dies war die Blütezeit für Marconis Geschäfte, trugen doch die ersten kommerziellen Sender seinen Namen und waren durch seine Patente geschützt. Diese Monopolstellung wurde aber durch neue und andere Senderkonzepte bald darauf schon ins Wanken gebracht. CB-DX-Rufzeichen aus Deutschland beginnen mit der Zahl *"13"*. Danach folgt eine Abkürzung aus Buchstaben. Diese stehen oft für DX-Funkgruppen, die ähnliche Strukturen wie Vereine haben. Danach kommen wieder Zahlen als weitere Unterscheidungsfaktoren.

z. B. "13BravoDelta01"

Den DX-Gruppen sind oft Name und Anschrift der Mitglieder bekannt, diese Daten sind jedoch nicht der Öffentlichkeit zugänglich. So können die Funker sich relativ anonym auf den Frequenzen bewegen, Mitglieder können sich aber über ihre Kennung identifizieren. Bei länderübergreifenden Verbindungen macht dieses freiwillig angenommene Verfahren durchaus Sinn, für den Nahbereichsfunk reichen kurze, selbst ausgedachte Rufzeichen aber aus. Der DX-Funk auf CB wird überwiegend in englischer Sprache abgewickelt, die Zahl am Anfang des Rufzeichens zeigt an, woher das Signal kommt - das kann sehr spannend sein.

Landeskenner

1 - ITALY 1 - ITALIEN
2 - UNITED STATES OF AMERICA
3 - BRAZIL 3 - BRASILIEN
4 - ARGENTINA 4 - ARGENTINIEN
5 - VENEZUELA 5 - VENEZUELA
6 - COLUMBIA 6 - COLUMBIA
7 - NETHERLANDS ANTILLES
8 - PERU 8 - Peru
9 - CANADA 9 - CANADA
10 - MEXICO 10 - Mexiko
11 - PUERTO RICO 11 - PUERTO RICO

12 - URUGUAY 12 - URUGUAY
13 - GERMANY 13 - DEUTSCHLAND
14 - FRANCE 14 - FRANCE
15 - SWITZERLAND 15 - SCHWEIZ
16 - BELGIUM 16 - BELGIEN
17 - HAWAIIAN ISLANDS 17 - Hawaii-Inseln
18 - GREECE 18 - GRIECHENLAND
19 - NETHERLANDS 19 - NIEDERLANDE
20 - NORWAY 20 - NORWEGEN
21 - SWEDEN 21 - SCHWEDEN
22 - FRENCH GUYANA 22 - Französisch-Guayana
23 - JAMAICA 23 - JAMAICA
24 - PANAMA 24 - PANAMA
25 - JAPAN 25 - JAPAN
26 - ENGLAND 26 - ENGLAND
27 - ICELAND 27 - ISLAND
28 - HONDURAS 28 - Honduras
29 - IRELAND 29 - IRLAND
30 - SPAIN 30 - SPANIEN
31 - PORTUGAL 31 - PORTUGAL
32 - CHILE 32 - CHILE
33 - ALASKA 33 - ALASKA
34 - CANARY ISLANDS 34 - KANAREN
35 - AUSTRIA 35 - ÖSTERREICH
36 - SAN MARINO 36 - SAN MARINO
37 - DOMINICAN REPUBLIC
38 - GREENLAND 38 - GRÖNLAND
39 - ANGOLA 39 - ANGOLA
40 - LIECHTENSTIEN 40 - LIECHTENSTIEN
41 - NEW ZEALAND 41 - NEUSEELAND
42 - LIBERIA 42 - LIBERIA
43 - AUSTRALIA 43 - AUSTRALIEN
44 - SOUTH AFRICA 44 - SÜDAFRIKA
45 - YUGOSLAVIA 45 - JUGOSLAWIEN
46 - EAST GERMANY
47 - DENMARK 47 - DÄNEMARK
48 - SAUDIA ARABIA 48 - Saudi-Arabien
49 - BALEARIC ISLANDS 49 - BALEAREN
50 - EUROPEAN RUSSIA 50
51 - ANDORRA 51 - ANDORRA
52 - FAROER ISLANDS 52 - Färöer-Inseln
53 - EL SALVADOR 53 - EL SALVADOR
54 - LUXEMBOURG 54 - LUXEMBURG
55 - GIBRALTAR 55 - GIBRALTAR
56 - FINLAND 56 - FINNLAND
57 - INDIA 57 - INDIEN
58 - EAST MALASYSIA 58 - EAST MALASYSIA
59 - DODE CANESE 59 - DODE CANESE
60 - HONG KONG 60 - HONG KONG
61 - EQUADOR 61 - Ecuador
62 - GUAM ISLAND 62 - GUAM ISLAND
63 - ST. 63 - ST. HELENA ISLAND Helena
64 - SENEGAL REPUBLIC 64 - REPUBLIK SENEGAL

65 - SIERRA LEONE 65 - SIERRA LEONE
66 - MAURITANIA 66 - MAURETANIEN
67 - PARAGUAY 67 - PARAGUAY
68 - NORTHERN IRELAND 68 - NORDIRLAND
69 - COSTA RICA 69 - COSTA RICA
70 - AMERICAN SAMOA ISLANDS 70 - Amerikanisch-Samoa Inseln
71 - MIDWAY ISLANDS 71 - Midway-Inseln
72 - GUATEMALA 72 - GUATEMALA
73 - SURINAME 73 - SURINAME
74 - NAMIBIA 74 - NAMIBIA
75 - AZORES ISLANDS 75 - Azoren
76 - MOROCCO 76 - MAROKKO
77 - GHANA 77 - GHANA
78 - ZAMBIA 78 - SAMBIA
79 - PHILIPPENE ISLANDS 79 - PHILIPPENE ISLANDS
80 - BOLIVIA 80 - BOLIVIA
81 - SAN ANDRES & PROVIDENCIA 81 - SAN ANDRES & PROVIDENCIA ISLANDS INSEL
82 - GUANTANAMO BAY 82 - GUANTANAMO BAY
83 - TANZANIA 83 - TANZANIA
84 - IVORY COAST 84 - ELFENBEINKÜSTE
85 - ZIMBABWE 85 - ZIMBABWE
86 - NEPAL 86 - NEPAL
87 - YEMEN 87 - YEMEN
88 - CUBA 88 - CUBA
89 - NIGERIA 89 - NIGERIA
90 - CRETE ISLAND 90 - Insel Kreta
91 - INDONESIA 91 - INDONESIEN
92 - LIBYA 92 - LIBYEN
93 - MALTA 93 - MALTA
94 - UNITED ARAB EMIRATES 94 - UNITED ARAB EMIRATES
95 - MONGOLIA 95 - MONGOLEI
96 - TONGA ISLANDS 96 - Tonga-Inseln
97 - ISRAEL 97 - ISRAEL
98 - SINGAPORE 98 - SINGAPORE
99 - FIJI ISLANDS 99 - FIJI ISLANDS
100 - KOREA 100 - KOREA
101 - PAPAU-NEW GUINEA 101 - PAPAU-Neuguinea
102 - KUWAIT 102 - KUWAIT
103 - HAITI 103 - HAITI
104 - CORSICA 104 - KORSIKA
105 - BOTSWANA 105 - BOTSWANA
106 - CEUTA & MELILLA 106 - Ceuta & Melilla
107 - MONACO 107 - MONACO
108 - SCOTLAND 108 - SCOTLAND
109 - HUNGARY 109 - UNGARN
110 - CYPRA 110 - CYPRA
111 - JORDAN 111 - JORDAN
112 - LEBANON 112 - LIBANON

113 - WEST MALAYSIA 113 - West-Malaysia
114 - PAKISTAN 114 - PAKISTAN
115 - QATAR 115 - QATAR
116 - TURKEY 116 - TÜRKEI
117 - EYGPT 117 - Eygpt
118 - THE GAMBIA 118 - THE GAMBIA
119 - MADERIA ISLAND 119 - Madeira ISLAND
120 - ANTIGUA & BARBUDA ISLANDS 120 - Antigua & Barbuda ISLANDS
121 - THE BAHAMAS 121 - THE BAHAMAS
122 - BARBADOS ISLAND 122 - Insel Barbados
123 - BERMUDA ISLAND 123 - BERMUDA ISLAND
124 - NEW AMSTERDAM & 124 - New Amsterdam & ST. ST. PAUL ISLANDS PAUL ISLANDS
125 - CAYMAN ISLANDS 125 - KAIMANINSELN
126 - NICARAGUA 126 - NICARAGUA
127 - VIRGIN ISLANDS 127 - VIRGIN ISLANDS
128 - BRITISH VIRGIN ISLANDS 128 - BRITISH VIRGIN ISLANDS
129 - MACQUARIE ISLANDS 129 - MACQUARIE ISLANDS
130 - NORFOLK ISLAND 130 - NORFOLK ISLAND
131 - GUYANA 131 - GUYANA
132 - MARSHALL ISLANDS 132 - Marshall-Inseln
133 - NORTH MARIANAS ISLANDS 133 - NORTH Marianen
134 - REPUBLIC OF BELAU 134 - REPUBLIK Belau
135 - SOLOMON ISLANDS 135 - SALOMONEN
136 - MARTINIQUE ISLAND 136 - MARTINIQUE ISLAND
137 - ISLE OF MAN 137 - INSEL MAN
138 - VATICAN CITY STATE 138 - STAAT VATIKANSTADT
139 - SOUTHERN YEMEN 139 - Südjemen
140 - ANTARTICA 140 - ANTARTICA
141 - ST. 141 - ST. PIERRE & MIQUELON IS. PIERRE & Miquelon.
142 - LESOTHO 142 - LESOTHO
143 ST. 143 - ST. LUCIA ISLAND LUCIA ISLAND
144 - EASTER ISLAND 144 - OSTERINSEL
145 - GALAPAGOS ISLAND 145 - Galapagos
146 - ALGERIA 146 - ALGERIEN
147 - TUNISIA 147 - TUNESIEN
148 - ASCENSION ISLAND 148 - Ascension Island
149 - LACCADIVE ISLANDS 149 - Lakkadiven ISLANDS

150 - BARAIN 150 - BARAIN
151 - IRAQ 151 - IRAK
152 - MALDIVE ISLANDS 152 - Malediven
153 - THAILAND 153 - THAILAND
154 - IRAN 154 - IRAN
155 - TAIWAN 155 - TAIWAN
156 - CAMEROON 156 - KAMERUN
157 - MONTSERRAT ISLAND 157 - MONTSER-RAT ISLAND
158 - TRINIDAD & TOBAGO ISLANDS 158 - TRINIDAD & TOBAGO ISLANDS
159 - SOMALT REPUBLIC 159 - SOMALT RE-PUBLIK
160 - SUDAN 160 - SUDAN
161 - POLAND 161 - POLEN
162 - REPUBLIC OF ZAIRE 162 - Republik Zaire
163 - WALES 163 - WALES
164 - TOGO REPUBLIC 164 - TOGO REPUBLIK
165 - SARDINIA ISLAND 165 - Insel Sardinien
166 - SINT MAARTEN, SABA, & 166 - Sint Maarten, Saba, &
ST. ST. EU-STATIUS EU-Statius
167 - JERSEY ISLAND 167 - Insel Jersey
168 - MAURITIS ISLANDS 168 - MAURITIS IS-LANDS
169 - GUERNSEY ISLAND & DEPENDENCIES 169 - Insel Guernsey & DEPENDENCIES
170 - BURKINA FASO 170 - BURKINA FASO
171 - SVALBARD ISLANDS 171 - Svalbard
172 - NEW CALEDONIA 172 - NEUKALEDO-NIEN
173 - REUNION ISLAND 173 - La Réunion
174 - UGANDA 174 - UGANDA
175 - CHAD REPUBLIC 175 - Tschad
176 - CENTRAL AFRICAN REPUBLIC 176 - ZENTRALAFRIKANISCHE REPUBLIK
177 - SRI LANKA 177 - SRI LANKA
178 - BULGARIA 178 - BULGARIEN
179 - CZECHOSLOVAKIA 179 - TSCHECHO-SLOWAKEI
180 - OMAN 180 - OMAN
181 - SYRIA 181 - SYRIEN
182 - REPUBLIC OF GUINEA 182 - REPUBLIK GUINEA
183 - BENIN 183 - BENIN
184 - BURUNDI 184 - BURUNDI
185 - COMOROS ISLANDS 185 - Komoren
186 - DIJIBOUTI 186 - DIJIBOUTI
187 - KENYA 187 - KENYA
188 - MALAGASY REPUBLIC 188 - Malagasy REPUBLIK
189 - MAYOTTE ISLAND 189 - MAYOTTE IS-LAND
190 - SEYCHELLES ISLANDS 190 - Seychellen

191 - SWAZILAND 191 - SWAZILAND
192 - COCOS ISLAND 192 - Cocos Island
193 - COCOS-KEELING ISLANDS 193 - cocos-Keeling-Inseln
194 - DOMINICA ISLAND 194 - DOMINICA IS-LAND
195 - GRENADA ISLAND 195 - GRENADA IS-LAND
196 - GUADALUPE ISLAND 196 - GUADALUPE ISLAND
197 - VANUATA 197 - VANUATA
198 - FALKLAND ISLANDS 198 - FALKLAN-DINSELN
199 - EQUATORIAL GUINEA 199 - ÄQUATORI-ALGUINEA
200 - SOUTH SHETLAND ISLAND 200 - Süd-Shetland-ISLAND
201 - FRENCH POLYNESIA 201 - FRANZÖSISCH POLYNESIA
202 - BHUTAN 202 - BHUTAN
203 - CHINA 203 - CHINA
204 - MOZAMBIQUE 204 - MOZAMBIQUE
205 - CAPE VERDE ISLANDS 205 - Kapverdische Inseln
206 - ETHIOPIA 206 - ÄTHIOPIEN
207 - ST. 207 - ST. MARTIN ISLAND Martin-Insel
208 - GLORIEUSES ISLANDS 208 - Glorieuses ISLANDS
209 - JUAN DE NOVA & EUROPA ISLAND 209 - Juan de Nova & EUROPA ISLAND
210 - WALLIS & FUTUNA ISLANDS 210 - WAL-LIS & Futuna
211 - JAN MAYEN ISLAND 211 - Insel Jan Mayen
212 - ALAND ISLAND 212 - Insel Åland
213 - MARKET REEF 213 - MARKET REEF
214 - CONGO REPUBLIC 214 - Republik Kongo
215 - GABON REPUBLIC 215 - Republik Gabun
216 - MALI REPUBLIC 216 - Mali
217 - CHRISTMAS ISLAND 217 - Christmas Is-land
218 - BELIZE 218 - BELIZE
219 - ANGUILLA ISLAND 219 - Anguilla Island
220 - ST. 220 - ST. VINCENT ISLAND & DEPEN-DECIES Vincent Island & DEPENDECIES
221 - SOUTH ORKNEY 221 - Süd-Orkney
222 - SOUTH SANDWICH ISLANDS 222 - Südli-che Sandwichinseln
223 - WESTERN SAMOA ISLANDS 223 - WEST-ERN Samoa-Inseln
224 - WESTERN KIRIBATI 224 - WESTERN KIRIBATI
225 - BRUNEI 225 - BRUNEI
226 - MALAWI 226 - MALAWI
227 - RWANDA 227 - RWANDA

228 - CHAGOS 228 - Chagos
229 - HEARD ISLAND VK0H 229 - Heard VK0H
230 - MICRONESIA 230 - MIKRONESIEN
231 - ST. 231 - ST. PETER & ST. PETER & ST. PAUL ROCKS PAUL ROCKS
232 - ARUBA 232 - ARUBA
233 - ROMANIA 233 - RUMÄNIEN
234 - AFGHANISTAN 234 - AFGHANISTAN
235 - ITU GENEVA 235 - ITU GENEVA
236 - BANGLADESH 236 - BANGLADESH
237 - UNION OF MYANMAR 237 - Union Myanmar
238 - KAMPUCHEA 238 - Kambodscha
239 - LAOS 239 - LAOS
240 - MACAO 240 - MACAO
241 - SPRATLY ISLANDS 241 - Spratlyinseln
242 - VIETNAM 242 - VIETNAM
243 - AGALEGA & ST. 243 - Agalega & ST. BRANDON IS. Brandon ist.
244 - ANNOBAN ISLAND 244 - ANNOBAN ISLAND
245 - NIGER REPUBLIC 245 - Niger
246 - SAO TOMES & PRINCIPE ISLANDS 246 - SAO TOMES & PRINCIPE ISLANDS
247 - NAVASSA ISLAND 247 - Navassa
248 - TURKS & CAICOS ISLANDS 248 - Turks & Caicos Inseln
249 - NORTHERN COOK ISLANDS 249 - NORTHERN COOKINSELN
250 - SOUTHERN COOK ISLANDS 250 - SOUTHERN COOKINSELN
251 - ALBANIA 251 - ALBANIEN
252 - REVILLAGIGEDO ISLANDS 252 - Revillagigedo ISLANDS
253 - ANDAMAN & NICOBAR ISLANDS 253 - Andamanen und Nikobaren
254 - MOUNT ATHOS 254 - MOUNT ATHOS
255 - KERGUELAN ISLANDS 255 - KERGUELAN ISLANDS
256 - PRINCE EDWARD & MARION ISLS. 256 - PRINZ EDWARD & MARION ISLS.
257 - RODRIGUEZ ISLAND 257 - RODRIGUEZ ISLAND
258 - TRISTAN DA CUNHA & GOUGH IS. 258 - Tristan da Cunha und Gough ist.
259 - TROMELIN ISLAND 259 - Tromelin
260 - BAKER & HOWLAND ISLANDS 260 - BAKER & Howland ISLANDS
261 - CHATHAM ISLANDS 261 - Chatham-Inseln
262 - JOHNSTON ISLAND 262 - Johnston-Atoll
263 - KERMADEE ISLANDS 263 - KERMADEE ISLANDS
264 - KINGMAN REEF 264 - Kingman Reef
265 - CENTRAL KIRIBATI 265 - CENTRAL KIRIBATI
266 - EASTERN KIRIBATI 266 - EASTERN KIRIBATI
267 - KURE ISLANDS 267 - KURE ISLANDS
268 - LORD HOWE ISLAND 268 - Lord Howe Island
269 - MELLISH REEF 269 - Mellish REEF
270 - MINAMI TORISHIMA ISLAND 270 - Minami Torishima ISLAND
271 - REPUBLIC OF NAURU 271 - Republik Nauru
272 - NIVE ISLAND 272 - NIVE ISLAND
273 - JARVIS & PDS 273 - JARVIS & PDS
274 - PITCAIRN ISLAND 274 - Insel Pitcairn
275 - TOKELAU ISLANDS 275 - Tokelau-Inseln
276 - TUVALU ISLANDS 276 - TUVALU ISLANDS
277 - SABLE ISLAND 277 - Sable Island
278 - WAKE ISLAND 278 - Wake Island
279 - WILLIS ISLETS 279 - WILLIS INSELN
280 - AVES ISLAND 280 - Insel Aves
281 - OGASAWARA ISLANDS 281 - Bonininseln
282 - AUCKLAND & CAMPBELL ISL. 282 - AUCKLAND & Campbell ISL.
283 - ST. 283 - ST. KITTS & NEVIS ISLAND Kitts & Nevis ISLAND
284 - ST. 284 - ST. PAUL ISLAND Paul-Insel
285 - FERNANDO DE NORONHA ISLA 285 - Fernando de Noronha ISLA
286 - JUAN FERNANDEZ ISLANDS 286 - Juan Fernandez Inseln
287 - MALPELO ISLAND HK0 287 - Malpelo-Insel HK0
288 - SAN FELIX & SAN AMBROSIO 288 - San Felix und San Ambrosio
289 - SOUTH GEORGIA ISLANDS 289 - Südgeorgien ISLANDS
290 - TRINDADE & MARTIM VAZ IS 290 - Trindade Martim Vaz & IS
291 - DHEKELIA & AKROTIRI 291 - Dhekelia & AKROTIRI
292 - ABU-AIL & JABAL-AT-TAIR 292 - ABU-AIL & JABAL-AT-Tair
293 - GUINEA BISSAU 293 - GUINEA BISSAU
294 - PETER 1'st ISLAND 294 - PETER ISLAND 1'st
295 - SOUTHERN SUDAN 295 - Süd-Sudan
296 - CLIPPERTON ISLAND 296 - Clipperton
297 - BOUVET ISLAND 297 - Bouvet Island
298 - CROZET ISLANDS 298 - Crozet-Inseln
299 - DESEECHEO ISLAND 299 - DESEECHEO ISLAND
300 - WESTERN SAHARA 300 - WEST SAHARA
301 - ARMENIA 301 - ARMENIEN

302 - ASIATIC RUSSIA 302 - asiatisches Russland
303 - AZERBAIJAN 303 - ASERBAIDSCHAN
304 - ESTONIA 304 - ESTLAND
305 - FRANZ JOSEF LAND 305 - Franz Josef Land
306 - GEORGIA 306 - GEORGIEN
307 - KALININGRADSK 307 - KALININGRADSK
308 - KAZAKH 308 - Kasachisch
309 - KIRGHIZ 309 - Kirgisen
310 - LATVIA 310 - LETTLAND
311 - LITHUANIA 311 - LITAUEN
312 - MOLDAVIA 312 - MOLDAU
313 - TADZHIK 313 - Tadshikische
314 - TURKOMAN 314 - Turkmenistan
315 - UKRAINE 315 - UKRAINE
316 - UZBEK 316 - usbekischen
317 - WHITE RUSSIA 317 - Weißrußland
318 - SOVEREIGN MILITARY ORDER OF MALTA 318 - Souveränen Malteserordens
319 - UNITED NATIONS NEW YORK 319 - United Nations New York
320 - BANABA ISLAND 320 - Banaba
321 - CONWAY REEF 321 - CONWAY REEF
322 - WALVIS BAY 322 - Walvis Bay
323 - YEMEN REPUBLIC 323 - Republik Jemen
324 - PENGUIN ISLANDS 324 - PINGUIN ISLANDS
325 - ROTUNA ISLAND 325 - ROTUNA ISLAND
326 - MALYJ VYSOTSKJ ISLAND 326 - Malyj VYSOTSKJ ISLAND
327 - SLOVENIA 327 - SLOWENIEN
328 - CROATIA 328 - KROATIEN
329 - CZECH REPUBLIC 329 - TSCHECHIEN
330 - SLOVAK REPUBLIC 330 - SLOWAKEI
331 - BOSNIA HERCEGOVINIA 331 - BOSNIEN HERCEGOVINIA
332 - MACEDONIA 332 - MAZEDONIEN
333 - ERITREA 333 - ERITREA
334 - NORTH KOREA 334 - NORDKOREA
335 - SCARBOROUGH REEF 335 - SCARBOROUGH REEF
336 - PRATOS ISLAND 336 - pratos ISLAND
337 - AUSTRAL ISLANDS 337 - Austral-Inseln
338 - MARQUESAS ISLANDS 338 - Marquesas-Inseln
339 - TEMOTU 339 - Temotu
340 - PALESTINA 340 - PALÄSTINA
341 - EAST TIMOR 341 - OSTTIMOR
342 - CHESTERFIELDS ISLANDS 342 - Chesterfields ISLANDS

Ablauf eines DX-QSO

In einem QSO (Funkgespräch) werden als Erstes die Rufzeichen genannt. gefolgt von der Buchstabierung der Vornamen. Dann folgt ein sogeanannter "Rapport", in dem der Signalwert S (Signalstärke), der Radiowert R (Verständlichkeit) und die Tonqualität (T-Wert) ausgetauscht werden. Danach folgt eine Beschreibung der "Working Conditions", also der verwendeten Ausrüstung. Nach einem kurzen Abriss über das Wetter ist das QSO vorbei (Bye 73's) oder entwickelt sich zu einem längeren Gespräch.

Im Funk buchstabieren

Buchstabiert wird im internationalen Funkalphabet, im Fall von DX-Verbindungen auch auf CB-Funk.

Ziffer	Wort	Aussprache
0	Zero	'zi'ro
1	One	'wan
2	Two	'tu
3	Three	'tri
4	Four	'fo.ə
5	Five	'faif
6	Six	'sıks
7	Seven	'sɛvən
8	Eight	'eit
9	Nine	'nainə
00	Hundred	'handrɛd
000	Thousand	'tau'zɛnd

Buchstabe	Wort	Aussprache
A	Alfa	ˈalfa
B	Bravo	ˈbravo
C	Charlie	ˈtʃali oder ˈʃali
D	Delta	ˈdɛlta
E	Echo	ˈɛko
F	Foxtrot	ˈfɔkstrɔt
G	Golf	ˈgɔlf
H	Hotel	hoˈtɛl
I	India	ˈɪndia
J	Juliett	ˈdʒuliˈɛt
K	Kilo	ˈkilo
L	Lima	ˈlima
M	Mike	ˈmai̯k
N	November	noˈvɛmba
O	Oscar	ˈɔska
P	Papa	paˈpa
Q	Quebec	keˈbɛk
R	Romeo	ˈromio
S	Sierra	siˈɛra
T	Tango	ˈtaŋgo
U	Uniform	ˈjunifɔm oder ˈunifɔm
V	Victor	ˈvɪkta
W	Whiskey	ˈwɪski
X	X-ray	ˈɛksrei̯
Y	Yankee	ˈjaŋki
Z	Zulu	ˈzulu

Auszug EU-Landeskenner Amateurfunk

Im Amateurfunk beginnen die Rufzeichen mit dem Landeskenner in Form einer Buchstabenfolge, dann folgt eine Zahlenkombination, danach wieder Buchstaben.

Kenner	Land		Kenner	Land	
C3	Andorra		OE	Österreich	
CT	Portugal	CS	OH	Finnland	OF...OI
DL	Deutschland	DA...DP	OK	TschechienOL	
EA	Spanien	EB, EC, ED	OM	Slowakei	
EI	Irland		ON	Belgien	
EM	Ukraine	UT	OY	Färöer Inseln	
ES	Estland		OZ	Dänemark	
F	Frankreich	FA...FE	PA	Niederlande	PB, PD, PF, PI
G	(Großbritannien	GB...GM, M)	UA	Russland*)	RA
GM	Schottland MM		SM	Schweden	SK, SL
HA	Ungarn	HG	SP	Polen	SO
HB	Schweiz	(ohne HB0)	SV	Griechenland	
HB0	Liechtenstein		S5	Slowenien	
HV	Vatikan		TA	Türkei	TB, TC
I	Italien	IA.. IZ	YL	Lettland	
LA	Norwegen LB		YO	Rumänien	
LX	Luxemburg		YU	Serbien	
LY	Litauen		3A	Monaco	
LZ	Bulgarien		4U	Vereinte Nationen	
M	Großbritannien	Seihe G!	9A	Kroatien	

CB-Kanäle und ihre Frequenzen[*]

Kanal	Frequenz	Kanal	Frequenz
Kanal 1	26.965 MHz	Kanal 21	27.215 MHz
Kanal 2	26.975 MHz	Kanal 22	27.225 MHz
Kanal 3	26.985 MHz	Kanal 23	27.255 MHz
Kanal 4	27.005 MHz	Kanal 24	27.235 MHz
Kanal 5	27.015 MHz	Kanal 25	27.245 MHz
Kanal 6	27.052 MHz	Kanal 26	27.265 MHz
Kanal 7	27.035 MHz	Kanal 27	27.275 MHz
Kanal 8	27.055 MHz	Kanal 28	27.285 MHz
Kanal 9	27.065 MHz	Kanal 29	27.295 MHz
Kanal 10	27.075 MHz	Kanal 30	27.305 MHz
Kanal 11	27.085 MHz	Kanal 31	27.315 MHz
Kanal 12	27.105 MHz	Kanal 32	27.325 MHz
Kanal 13	27.115 MHZ	Kanal 33	27.335 MHz
Kanal 14	27.125 MHz	Kanal 34	27.345 MHz
Kanal 15	27.135 MHz	Kanal 35	27.355 MHz
Kanal 16	27.155 MHz	Kanal 36	27.365 MHz
Kanal 17	27.165 MHz	Kanal 37	27.375 MHz
Kanal 18	27.175 MHz	Kanal 38	27.385 MHz
Kanal 19	27.185 MHz	Kanal 39	27.395 MHz
Kanal 20	27.205 MHz	Kanal 40	27.405 MHz

Kanal	Frequenz	Kanal	Frequenz
Kanal 41	26.565 MHz	Kanal 61	26.765 MHz
Kanal 42	26.575 MHz	Kanal 62	26.775 MHz
Kanal 43	26.585 MHz	Kanal 63	26.785 MHz
Kanal 44	26.595 MHz	Kanal 64	26.795 MHz
Kanal 45	26.605 MHz	Kanal 65	26.805 MHz
Kanal 46	26.615 MHz	Kanal 66	26.815 MHz
Kanal 47	26.625 MHz	Kanal 67	26.825 MHz
Kanal 48	26.635 MHz	Kanal 68	26.835 MHz
Kanal 49	26.645 MHz	Kanal 69	26.845 MHz
Kanal 50	26.655 MHz	Kanal 70	26.855 MHz
Kanal 51	26.665 MHz	Kanal 71	26.865 MHz
Kanal 52	26.675 MHz	Kanal 72	26.875 MHz
Kanal 53	26.685 MHZ	Kanal 73	26.885 MHz
Kanal 54	26.695 MHz	Kanal 74	26.895 MHz
Kanal 55	26.705 MHz	Kanal 75	26.905 MHz
Kanal 56	26.715 MHz	Kanal 76	26.915 MHz
Kanal 57	26.725 MHz	Kanal 77	26.925 MHz
Kanal 58	26.735 MHz	Kanal 78	26.935 MHz
Kanal 59	26.745 MHz	Kanal 79	26.945 MHz
Kanal 60	26.755 MHz	Kanal 80	26.955 MHz

Sonderkanäle: 3A 26,995 - 7A 27,045 - 11A 27,095 - 15A 27,145 - 19A 27,195 MHz

Im CB-Funk sind die freigegebenen Frequenzen Kanälen zugeordnet. In Deutschland sind 80 Kanäle für den Bürgerfunk vorgesehen. In anderen europäischen Ländern können die Kanalbelegungen abweichen. Modernere Geräte bieten oft die Einstellungsmöglichkeit für eine Ländernorm. Wechselt man beim Grenzübertritt in ein anderes Land, wird das Funkgerät kurz vorher in die passende Ländernorm gewechselt. Viele Länder nehmen das nicht sonderlich genau und beachten CB-Funkgeräte nicht weiter während Kontrollen. In anderen Ländern verletzt man aber eventuell Frequenzgrenzen zu anderen Diensten und sollte sich vorab genau informieren, ob es Einschränkungen bei Einfuhr/Betrieb gibt!

Kanal 9 - AM Trucks
Kanal 19 - FM Trucks
Kanal 15 - USB Anrufkanal
Kanal 24, 25 - Datenkanäle

Kanal 40 ist oft die Ausgabe von Relais-Stationen, die Eingabe erfolgt auf Kanal 41.

4 Watt AM / FM ERP - ± 2 kHz Hub - 12 Watt SSB PEP[*]

Mittenfrequenzen in MHz für PMR[*]

Maximale Strahlungsleistung: 0,5 Watt

Kanal 1 - 446,00625   Kanal 2 - 446,01875

Kanal 3 - 446,03125   Kanal 4 - 446,04375

Kanal 5 - 446,05625   Kanal 6 - 446,06875

Kanal 7 - 446,08125   Kanal 8 - 446,09375

Kanal 9 - 446,10625   Kanal 10 - 446,11875

Kanal 11 - 446,13125   Kanal 12 - 446,14375

Kanal 13 - 446,15625   Kanal 14 - 446,16875

Kanal 15 - 446,18125   Kanal 16 - 446,19375

Gemäß ECC-Entscheidung (15)05 ist der harmonisierte Frequenzbereich 446,0 – 446,2 MHz für analoge und digitale PMR446-Anwendungen verwendbar.

Seit Mai 2016 sind auch PMR-Funkgeräte verfügbar, welche die Verwendung zusätzlicher analoger Kanäle gestatten. Außerdem gibt es inzwischen diverse dPMR-Handfunkgeräte, welche zusätzlich digital modulierte Kanäle haben.

In welchen Ländern PMR-Funk erlaubt ist (Angaben ohne Gewähr)[*]:

Deutschland, Belgien, Bulgarien, Dänemark, Estland, Finnland, Frankreich, Griechenland, Großbritannien, Irland, Island, Italien, Kroatien, Lettland, Litauen, Luxemburg, Malta, Niederlande, Norwegen, Österreich, Polen, Portugal, Rumänien, Schweden, Schweiz, Spanien, Slovenien, Slovakische Republik, Tschechische Republik, Türkei, Ungarn, Zypern

Freenet-Frequenzen[*]:

ERP-Leistung: 1 Watt

Kanal 1 - 149,0250 MHz

Kanal 2 - 149,0375 MHz

Kanal 3 - 149,0500 MHz

Kanal 4 - 149,0875 MHz

Kanal 5 - 149,1000 MHz

Kanal 6 - 149,1125 MHz

Gemäß Amtsblattsverfügung Vfg Nr. 9/2015 wurde die Frequenzzuteilung aktualisiert und wird regelmäßig verlängert. Seit 2015 sind diese Frequenzen zusätzlich für die „Digitale Frequenznutzung" freigegeben. In 10 km Grenzabstand zu Belgien und Polen sind nur 0,5 Watt Strahlungsleistung (ERP) gestattet.

[*]*Es gelten die aktuellen Bestimmungen des Landes!*

Glossar

3er-Regel: *alle 3 Stunden für 3 Minuten Funkstille* - sollte in der Afangszeit des Seefunks Platz für Notrufe schaffen

AM: *Amplitudenmodulation* - im Funk genutzte Modulationsart

Amateurfunk: prüfungs- und anmeldepflichtiger Funkdienst für lizenzierte Hobbyfunker (Funkamateure)

Amplitude: Schwingungsweite - größter Ausschlag einer Schwingung oder eines Pendels aus der Mittellage

Analogfunk: analoger Verbindungsaufbau mit analogen Modulationsverfahren

APRS: *Automatic Packet Reporing System* - spezielle Anwendung von Packet Radio im Amateurfunkdienst zum Aussenden von Positionsdaten

Aspen: Kraftstoffmarke - bekannt für den hohen Reinheitsgrad

Band: festgelegter, abgegrenzter Frequenzbereich

Betriebsfunk: anmeldepflichtige Funkanwendung für kommerzielle Nutzer (Taxifunk, Baustellenfunk, etc)

BOL: *Bug Out Location* - Zufluchtsort in einer Krise

BOS: *Behörden und Organisationen mit Sicherheitsaufgaben* - Polizei, Zoll, Feuerwehr, THW, Rettungsdienste, etc.

Bug Out: Flucht/eiliges Verlassen des Zuhauses aufgrund einer Notfallsituation

CB: *citizens band (radio)* - CB(-Funk), Jedermannfunkanwendung auf 27 MHz.

CHIRP: freie Programmiersoftware für Funkgeräte

Digitalfunk: digitales Verfahren zur Herstellung von Funkverbindungen

Drahtantenne: aus Draht gefertigte Antenne

Dummyload: Ersatzwiderstand zur Simulation einer perfekten Antenne bei Messungen

DX-Verbindung: im Amateurfunk = interkontinentale Funkverbindung; im CB-Funk = alle Raumwellenverbindungen (Weitverbindung)

DX-Cluster: von Funkern weltweit gemeinsam geführtes Onlinelogbuch über aktuelle Funkverbindungen, hilfreich für das Monitoring von Aktivitäten seltener Länder und Stationen

DXT: Vermittlungsstelle zwischen den einzelnen Basisstationen des BOS-Digitalfunknetzes im TETRA Behördenfunk

EFHW: *EndFedHalfWave* - Endgespeiste Halbwellenantennen

Einschleifen: unterbrechen einer Signalkette zum Einfügen weiterer Komponenten

EIRP: *Equivalent Isotropically Radiated Power* - äquivalente isotrope Strahlungsleistung: Abstrahlungsverhalten einer isotropen Antenne

Elko: *Elektrolytkondensator* - elektronisches Bauteil, häufige Fehlerursache bei Funkgeräten durch Auslaufen

ERP: *Effective Radiated Power* - **effektive Strahlungsleistung**, gleichbedeutend mit EIRP, allerdings bezogen auf die Hauptstrahlrichtung eines Halbwellendipols

FM: *Frequency Modulation* - **Frequenzmodulation**, im Funk genutzte Modulationsart

Freenet: deutsche Jedermannfunkanwendung auf 149 MHz

Gesichts QSO: persönliche Begegnung unter Funkern

goldener Schraubendreher: laienhaftes Gerätetuning mit mangelhaftem Werkzeug

Großsignalfestigkeit: Fähigkeit eines Empfängers, trotz starker Nebensignale ein brauchbares Nutzsignal zu empfangen

H.A.A.R.P: *High Frequency Active Auroral Research Program* - experimentelle Funkstelle zur Erforschung der Himmelsschichten

halb-duplex: einseitiges Wechselsprechen

HF: Hochfrequenz

Hub: Maß der Frequenzauslenkung bei FM (bei AM die Amplitude in %) - bestimmt die mögliche Lautstärke und den übertragbaren Tonfrequenzbereich, je größer der Hub, umso größer die benötigte Bandbreite

Jammer (engl.): Störsender

Jedermannfunk: auch Hobbyfunk oder Bürgerfunk, lizenz- und anmeldefrei

Kennung(ssequenz): eindeutige Kennung jedes Funkteilnehmers, die in modernen Funkgeräten automatisch mit gesendet wird

Koax(ial)kabel: abgeschirmtes Kabel für Verbindungen in der Funktechnik

Lambda λ: Formelzeichen für die Wellenlänge

Latenz: zeitliche Verzögerung

Lauscher: Personen, die von Lauschposten aus Funkgespräche abhören

LiFePO4 Akku: Lithium-Ferrophosphat-Akkumulator - moderner und leistungsfähiger Stromspeicher für Funkgeräte

Logbuch: Stationstagebuch zur Dokumentation von Funkverbindungen

LSB: *Lower Side Band* - **unteres Seitenband:** im Funk genutzte Modulationsart

LW: *Langwelle* - Frequenzbereiche für Funk und Radio

Maidenhead Locator: Koordinatensystem für die Erdoberfläche zur Standortbestimmung im Funkbetrieb

ManMadeNoise: menschengemachter Lärm - Funkstörungen unnatürlichen Ursprungs

Massekabel: flaches und flexibles Verbindungskabel für HF

Master/Slave: funktionale Hierarchie unter digitalen Geräten zwecks Synchronisation; Master = Taktgeber, Slave = Taktfolger

Matchbox: Gerät zur Anpassung des SWR auf dem Koaxkabel vor dem Geräteeingang   verbessert NICHT die Fehlanpassung der Antenne, daher immer verlustbehaftet

Matcher: siehe Matchbox

Mobilfunk: Funk- (auch Handy-)betrieb aus beweglicher Position

Modulation(-sart): Verfahren zum Aufmodulieren eines Nutzsignals auf ein Trägersignal

Monobandantenne: Antenne, die nur in einem Band (CB, PMR oder Freenet) nutzbar sind

MW: *mittel(lange) Welle* - Abkürzung für Funk- und Radiofrequenzbereiche

NVIS: *Near Vertical Incidence Skywave* - Absendeart, bei der die Antenne gezielt fast senkrecht strahlt und über Reflexionen Empfangsziele erreicht werden können, an denen sonst kein Signal ankommen würde

Packet Radio: Digitales Verfahren zur Datenübertragung per Funk

Peaken: (= tunen, modden) - Feinabstimmung und Optimierung von Funkgeräten

PEP: *Peak Envelope Power* - Durchschnittsleistung, die ein Sender unter normalen Betriebsbedingungen während einer Periode der Hochfrequenzschwingung bei der höchsten Spitze der Modulationshüllkurve der Antennenspeiseleitung zuführt

PL-Stecker: Antennenanschluss im CB-Funk

PLC: *Power Line Communications* - Übertragung von Daten über das Stromkabel (häufige Ursache für Störungen im Funk)

PMR: *Personal Mobile Radio* - europäische Jedermannfunkanwendung auf 446MHz.

Polarisation: Ausrichtung der Antenne - im Jedermannfunk sind Antennen vertikal augerichtet, eine abweichende horizontale Ausrichtung führt zu Signalpegelverlusten

Protokolladresse: eindeutige Kennzeichung für die Kommunikation innerhalb digitaler Netzwerke

PTT: *Push To Talk (= zum Sprechen drücken)* - Sendetaste am Funkgerät

QSO: zwei (bzw. mehr-)seitige Funkverbindung

QTH: Standort einer Funkstation

quasioptisch: sich ähnlich den Lichtwellen, also fast geradlinig, ausbreitend

Radiowert: =R-Wert - empfundene Verständlichkeit bei einem Funkgespräch auf einer Skala von 1 für nicht bis 5 für sehr gut verständlich

RFD-T2LT/-T^{2}LT): *Resonant feed dipole with Tuned Transmission Line Trap* - Kombination aus Dipol und freqenzabhängiger Drossel: erstes Patent 1939 (Prof. F. Fischer, Patent Nummer 733697), erster für CB kommerziall verkaufter RFD-T^{2}LT: **BazookaStick©** (Sven Otto, 2016)

RF-Gain: *Radio Frequency Gain* - Funktionsregler zur Einstellung der Empfangsempfindlichkeit bei Funkgeräten

Richtfunk: Funkverkehr in eine Vorzugsrichtung

Shack: Funkerbude (engl. = Hütte)

SHTF: *ShitHitsTheFan, engl.*
(=''Scheiße trifft den Ventilator'')
- Entstehung einer Survival-Situation,
(Zombie Invasion)

Signalwert: (=S-Wert) - am Empfänger angezeigte Empfangstärke in Stufen von 0 bis 9, darüber +10, +20

simplex: Betriebsart im Funk - kein Wechselsprechen möglich (z. B. Radio)

Sinus: Beschreibung einer zeitlichen Schwingung (Frequenz) mit gleicher Auslenkung (Amplitude) durch einen Nullpunkt (Beispiel: Die Wechselspannung eines Generators sollte einen sauberen Sinus haben)

Spiegellänge: *berechnete Länge eines Antennenkabels* **-** Koaxialkabel wird auf eine Spiegellänge passend zur Wellenlänge abgelängt

SQL: siehe Squelch

Squelch: Rauschsperre - unterdrückt das Empfangsrauschen, wenn kein Funksignal vorhanden ist (nur Signale, die einen eingestellten Schwellwert überschreiten, werden wiedergegeben)

SSB: *Single Side Bank* - im Funk genutzte Modulationsart

SWL: *Short Wave Listener* - Person, die Aussendungen auf Kurzwelle hört (kein Sendebetrieb!, z. B. Radio)

SWR: *Standing Wave Reflection*
- Stehwelle, durch eine Fehlanpassung der Antenne ensteht eine stehende Welle als Kreuzungsprodukt von vor- und rücklaufender Welle auf dem Antennenkabel

SWR-Meter: Stehwellenmessgerät zur Antennenanpassung

Subton: dem Audiosignal hinzugefügter Kennungston (z. B. zur Tonsteuerung einer Rausschperre)

TETRA: *Trans European Trunked Radio* **- Terrestischer Bündelfunk,** digitales Funknetz der BOS

T-Wert: empfundene Tonqualität auf einer Skala von 1 für schlechte bis 5 für sehr gute Tonqualität

UHF: *Ultra High Frequency* - Frequenzbereiche für Funk-, TV- und Radio

UKW: *ultrakurze Welle* - Radiofrequenzbereiche oberhalb von 30 MHz

urban: städtisch, zur Stadt gehörend

USB: *Upper Side Band* - im Funk genutzte Modulationsart

Verkürzungsfaktor (VKF): Kompensationswert für die, sich in Koaxkabeln langsamer als in der Luft bewegenden, Funkwellen - der VKF steht in den Datenblättern von Koaxkabeln

VHF: *Very High Frequency - sehr hohe Frequenz*

Working conditions: Arbeitsbedingungen - verwendete Funkausrüstung in einem QSO

Zelle (Funkzelle): definierter Abdeckungsbereich in einem Funknetzwerk

Quellenangaben zu Gesetzestexten und Meldestelle für Funkstörungen (DE):
https://www.bundesnetzagentur.de

Stichwortverzeichnis